小麦黄矮病病叶
后期病状

小麦全蚀病造
成的白穗病状

小麦幼苗期感染
白粉病病叶

小麦成株叶片感染
白粉病病斑

1

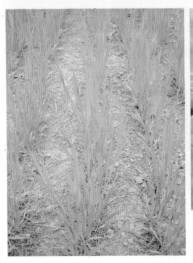

小麦缺氮幼株

小麦蚜虫

条沙叶蝉成虫

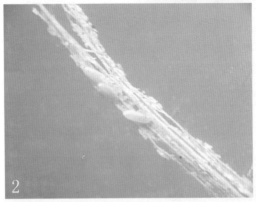

条沙叶蝉卵

麦红蜘蛛

麦红蜘蛛为
害叶片变黄

玉米小斑病
初期病叶

玉米小斑病病叶

3

玉米大斑病病株

玉米大斑病病叶

玉米黑粉病散出的褐粉

玉米黑粉病病茎

玉米丝黑穗病初期病状

玉米弯孢菌叶斑病病叶

玉米弯孢菌叶斑病严重病株

玉米灰斑病病叶

5

玉米褐斑病病叶

玉米褐斑病茎杆病斑

玉米锈病病叶

玉米粗缩病病株

玉米茎腐病茎基腐烂

玉米纹枯病病茎

玉米矮花叶病病株

玉米穗腐病初期病穗

玉米穗腐病感染果穗苞叶

玉米缺氮幼苗病状

玉米缺磷幼苗病状

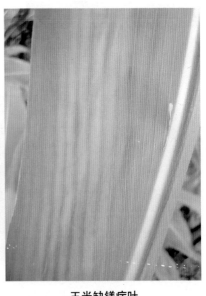

玉米缺镁病叶

玉米缺锌病状

玉米缺硼病叶

玉米苗期缺钙造成心
叶不能伸展呈鞭状

玉米缺钙病叶边缘白
色呈齿状不规则破裂

9

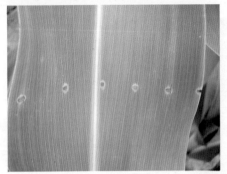

玉米螟为害后叶片后出现的虫孔

玉米螟老熟幼虫

玉米黏虫

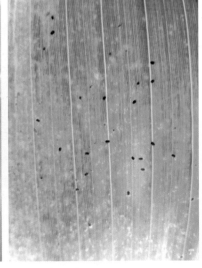

玉米叶螨

玉米叶螨为
害后的叶片

玉米有翅蚜

玉米蚜

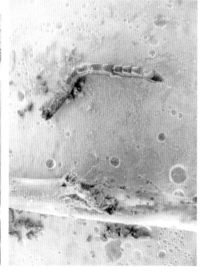

褐纹金针虫幼虫

11

燕麦散黑病病穗

燕麦坚黑穗病病穗

燕麦炭疽病病叶

燕麦叶斑病病叶

燕麦叶枯病病叶

燕麦细菌性条斑病病叶

燕麦红叶病病叶

燕麦冠锈病病叶

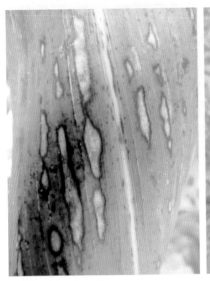

高粱大斑病病叶

高粱紫斑病病叶

高粱条斑病病叶

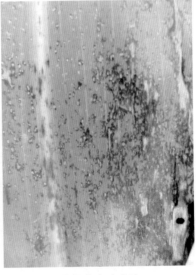

高粱斑点病病叶

高粱纹枯病病叶

高粱镰刀穗腐病病穗

高粱顶腐病病穗

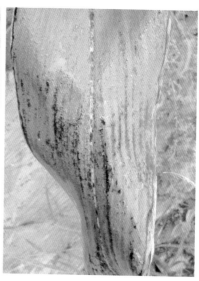

高粱细菌性条纹病病叶

糜子斑点病病叶

糜子丝黑穗
病初期病状

糜子丝黑穗
黑粉孢子

糜子灰斑病叶片
典型梭形斑

粮食作物病虫害诊断与防治技术口诀

王本辉 韩秋萍 编著

金盾出版社

内 容 提 要

本书以口诀和图表的形式介绍了水稻、小麦、玉米、大麦、荞麦、燕麦、高粱、黍、稷（糜子）、粟（谷子）、绿豆等主要粮食作物的病虫害诊断与防治技术。形式活泼新颖，语言生动精练，内容通俗易懂。适合基层广大农民及农业技术推广人员阅读使用。

图书在版编目(CIP)数据

粮食作物病虫害诊断与防治技术口诀/王本辉,韩秋萍编著．—北京：金盾出版社，2010.12
ISBN 978-7-5082-6601-5

Ⅰ．粮… Ⅱ．①王…②韩… Ⅲ．粮食作物—病虫害—诊断②粮食作物—病虫害防治方法 Ⅳ．①S435

中国版本图书馆 CIP 数据核字(2010)第 161164 号

金盾出版社出版、总发行
北京太平路 5 号(地铁万寿路站往南)
邮政编码：100036 电话：68214039 83219215
传真：68276683 网址：www.jdcbs.cn
封面印刷：北京蓝迪彩色印务有限公司
彩页正文印刷：北京金盾印刷厂
装订：永胜装订厂
各地新华书店经销
开本：787×1092 1/32 印张：8.25 彩页：16 字数：166 千字
2012 年 3 月第 1 版第 2 次印刷
印数：8 001～14 000 册 定价：14.00 元

目　录

一、水稻病虫害诊断与防治 ……………………………（1）

水稻恶苗病 …………（1）　　水稻细菌性褐斑病……（26）

水稻苗疫病 …………（2）　　水稻细菌性褐条病……（27）

水稻烂秧病 …………（3）　　水稻黄叶病 …………（28）

水稻白绢病 …………（4）　　水稻条纹叶枯病………（29）

水稻霜霉病 …………（4）　　水稻矮缩病 …………（30）

稻瘟病 ………………（5）　　水稻黑条矮缩病………（30）

水稻胡麻斑病 ………（7）　　水稻红叶病 …………（31）

水稻叶鞘腐败病 ……（8）　　水稻黄萎病 …………（32）

水稻叶鞘网斑病………（10）　水稻橙叶病 …………（32）

水稻叶黑肿病………（11）　　水稻根结线虫病………（33）

水稻菌核秆腐病………（11）　水稻赤枯病 …………（34）

水稻纹枯病…………（13）　　水稻低温冷害 ………（35）

水稻云形病…………（15）　　水稻高温热害 ………（35）

水稻叶尖枯病………（16）　　水稻缺素症 …………（36）

水稻窄条斑病………（17）　　二化螟 ………………（38）

水稻谷枯病…………（18）　　三化螟 ………………（39）

水稻一炷香病………（18）　　灰飞虱 ………………（40）

稻粒黑粉病…………（19）　　长绿飞虱 ……………（41）

稻曲病………………（20）　　稻褐飞虱 ……………（42）

水稻白叶枯病………（21）　　稻黑蝽 ………………（43）

水稻细菌性条斑病…（23）　　稻潜叶蝇 ……………（44）

水稻细菌性谷枯病…（24）　　稻秆潜蝇 ……………（45）

水稻细菌性基腐病…（25）　　大螟 …………………（46）

稻纵卷叶螟…………（47）　　电光叶蝉……………（56）

显纹纵卷叶螟………（48）　　白翅叶蝉……………（57）

褐边螟………………（49）　　小绿叶蝉……………（57）

台湾稻螟……………（49）　　稻简管蓟马…………（58）

稻切叶螟……………（50）　　稻直鬃蓟马（稻蓟马）…（59）

稻筒水螟……………（50）　　禾蓟马………………（60）

稻水螟………………（51）　　稻白粉虱……………（60）

稻金翅夜蛾…………（51）　　稻象甲………………（61）

稻巢螟………………（52）　　稻水象甲……………（63）

直纹稻弄蝶…………（53）　　长腿水叶甲…………（64）

稻瘿蚊………………（53）　　鳃蚯蚓………………（65）

稻绿蝽………………（55）　　福寿螺………………（66）

黑尾叶蝉……………（55）

二、小麦病虫害诊断与防治…………………………（67）

小麦锈病……………（67）　　小麦丛矮病…………（81）

小麦腥黑穗病………（69）　　小麦土传花叶病毒病…（82）

小麦散黑穗病………（70）　　小麦梭条斑花叶病毒

小麦秆黑粉病………（70）　　　病…………………（83）

小麦红矮病…………（71）　　小麦糜疯病…………（84）

小麦黄矮病…………（72）　　小麦条纹花叶病……（84）

小麦全蚀病…………（73）　　小麦蜜穗病…………（86）

小麦根腐病…………（74）　　小麦卷曲病…………（86）

小麦白粉病…………（75）　　小麦秆枯病…………（87）

小麦叶枯病…………（76）　　小麦颖枯病…………（88）

小麦赤霉病…………（77）　　小麦白秆病…………（89）

小麦霜霉病…………（78）　　小麦雪霉叶枯病……（90）

小麦纹枯病…………（79）　　小麦线虫病…………（92）

小麦缺素症⋯⋯⋯（93）　麦叶蜂 ⋯⋯⋯⋯（107）

小麦吸浆虫⋯⋯⋯（97）　麦秆蝇 ⋯⋯⋯⋯（109）

小麦蚜虫⋯⋯⋯⋯（98）　乌翅麦茎蜂 ⋯（110）

小麦条沙叶蝉 ⋯（100）　麦水蝇 ⋯⋯⋯⋯（111）

麦红蜘蛛 ⋯⋯⋯（101）　麦茎叶甲 ⋯⋯⋯（112）

小麦灰飞虱 ⋯⋯（102）　麦椿象 ⋯⋯⋯⋯（113）

麦茎谷蛾 ⋯⋯⋯（104）　麦根椿象 ⋯⋯⋯（114）

麦种蝇 ⋯⋯⋯⋯（105）　小麦管蓟马 ⋯⋯⋯（115）

小麦潜叶蝇 ⋯⋯（106）

三、玉米病虫害诊断与防治 ⋯⋯⋯⋯⋯⋯⋯⋯（117）

玉米小斑病 ⋯⋯（117）　玉米顶腐病 ⋯⋯（133）

玉米大斑病 ⋯⋯（118）　玉米缺素症 ⋯⋯（134）

玉米黑粉病 ⋯⋯（119）　玉米螟 ⋯⋯⋯⋯（137）

玉米丝黑穗病 ⋯（120）　黏虫 ⋯⋯⋯⋯⋯（138）

玉米弯孢菌叶斑病

⋯⋯⋯⋯⋯⋯（121）　玉米蓟马 ⋯⋯⋯（139）

玉米灰斑病 ⋯⋯（122）　玉米叶螨 ⋯⋯⋯（140）

玉米圆斑病 ⋯⋯（123）　玉米蚜 ⋯⋯⋯⋯（141）

玉米褐斑病 ⋯⋯（124）　蝼蛄 ⋯⋯⋯⋯⋯（142）

玉米锈病 ⋯⋯⋯（125）　蛴螬 ⋯⋯⋯⋯⋯（143）

玉米粗缩病 ⋯⋯（127）　金针虫 ⋯⋯⋯⋯（145）

玉米茎腐病 ⋯⋯（128）　小地老虎 ⋯⋯⋯（146）

玉米纹枯病 ⋯⋯（129）　棉铃虫 ⋯⋯⋯⋯（147）

玉米疯顶病 ⋯⋯（130）　玉米双斑莹叶甲 （148）

玉米矮花叶病 ⋯（132）　玉米耕葵粉蚧 ⋯（149）

玉米穗腐病 ⋯⋯（132）　玉米铁甲虫 ⋯⋯（150）

四、大麦病害诊断与防治 ⋯⋯⋯⋯⋯⋯⋯⋯⋯（152）

大麦叶锈病 ………… (152)　大麦散黑穗病 ……… (153)

大麦坚黑穗病 …… (152)　大麦条纹病 ………… (154)

五、荞麦病虫害诊断与防治 ……………………………… (156)

荞麦立枯病 ………… (156)　荞麦白霉病 ………… (158)

荞麦褐斑病 ………… (156)　荞麦斑枯病 ………… (159)

荞麦叶斑病 ………… (157)　荞麦钩翅蛾 ………… (160)

荞麦黑斑病 ………… (158)

六、燕麦病害诊断与防治 ……………………………… (162)

燕麦散黑穗病 …… (162)　燕麦叶枯病 ………… (166)

燕麦坚黑穗病 …… (163)　燕麦细菌性条斑病 … (166)

燕麦锈病 …………… (163)　燕麦红叶病 ………… (167)

燕麦炭疽病 ………… (164)　燕麦冠锈病 ………… (168)

燕麦叶斑病 ………… (165)

七、高粱病虫害诊断与防治 ……………………………… (169)

高粱立枯病 ………… (169)　高粱炭腐病 ………… (178)

高粱炭疽病 ………… (170)　高粱丝黑穗病 ……… (179)

高粱大斑病 ………… (171)　高粱散黑穗病 ……… (180)

高粱轮纹病 ………… (172)　高粱坚黑粉病 ……… (180)

高粱北方炭疽病 … (172)　高粱长粒黑穗病 …… (181)

高粱紫斑病 ………… (173)　高粱花黑粉病 ……… (181)

高粱条斑病 ………… (173)　高粱青霉颖枯病 …… (182)

高粱黑点病 ………… (174)　高粱镰刀穗腐病 …… (182)

高粱黑束病 ………… (174)　高粱顶腐病 ………… (183)

高粱斑点病 ………… (175)　高粱霜霉病 ………… (184)

高粱锈病 …………… (176)　高粱细菌性条纹病 … (185)

高粱纹枯病 ………… (177)　高粱细菌性斑点病 … (186)

高粱链格孢叶斑病… (177)　高粱矮花叶病 ……… (186)

高粱花叶病 ……… (187)　高粱根蚜(榆四脉棉

高粱缺素症 ……… (187)　　蚜) ……………… (190)

高粱药害 ………… (188)　高粱蚜 ………… (191)

高粱瘿蚊 ………… (189)　高粱穗隐斑螟 …… (192)

高粱苦蝇 ………… (189)　高粱长椿象 ……… (193)

八、黍、稷(糜子)病虫害诊断与防治………… (194)

黍、稷(糜子)丝黑穗病　　黍、稷(糜子)红叶病

………………… (194)　　……………… (195)

黍、稷(糜子)斑点病　　黍、稷(糜子)纹枯病

………………… (194)　　……………… (196)

黍、稷(糜子)灰斑病　　糜子吸浆虫 ……… (196)

………………… (195)

九、粟(谷子)病虫害诊断与防治 ……………… (198)

粟(谷子)苗枯病 … (198)　粟(谷子)腥黑穗病

粟(谷子)白发病 … (198)　　……………… (206)

粟(谷子)瘟病 …… (199)　粟(谷子)粒黑穗病

粟(谷子)胡麻斑病　　　……………… (207)

………………… (201)　粟(谷子)细菌性条斑

粟(谷子)灰斑病 … (201)　　病 ……………… (208)

粟(谷子)叶斑病 … (202)　粟(谷子)红叶病 …… (209)

粟(谷子)锈病 …… (202)　粟秆蝇 ………… (209)

粟(谷子)假黑斑病　　　粟麦蛾 ………… (210)

………………… (203)　东亚飞蝗 ……… (211)

粟(谷子)条点病 … (204)　粟缘蝽 ………… (212)

粟(谷子)青枯病 … (205)　赤须盲蝽(赤角盲蝽)

粟(谷子)纹枯病 … (205)　　……………… (213)

粟(谷子)黑粉病 … (206)　大青叶蝉 ……… (214)

粟凹胫跳甲 ………（215）　谷磷斑叶甲 …………（218）

谷子负泥甲 ………（216）　谷蝼步甲 …………（220）

粟穗螟 …………（218）　黄尾球跳甲 ………（220）

十、绿豆病虫害诊断与防治 …………………………（222）

绿豆立枯病 ………（222）　绿豆细菌性疫病 ……（228）

绿豆叶斑病 ………（223）　绿豆病毒病 …………（229）

绿豆轮纹病 ………（223）　豆蚜 ………………（229）

绿豆白粉病 ………（224）　豌豆粉潜蝇 …………（230）

绿豆锈病 …………（225）　美洲斑潜蝇 …………（231）

绿豆菌核病 ………（226）　南美洲斑潜蝇（拉美

绿豆炭疽病 ………（227）　　斑潜蝇）…………（232）

十一、农药名称、标签及说明书规范口诀 ……………（234）

十二、购卖农药"三看"口诀 ……………………（236）

一、水稻病虫害诊断与防治

水稻恶苗病

【诊　断】

该病又名徒长病,全国稻区均发生。
苗期发病苗细高,叶色淡黄长叶鞘。
根系发育难生长,有时病苗栽前亡,
枯死病苗病症显,白或淡红霉物见。
田间发病有特点,植株表现长节间。
节部弯曲鞘外面,不定须根下节产,
逆向生长注意观,不分蘖或蘖大减。
剥开叶鞘仔细看,暗褐条斑出茎秆,
白色菌丝病茎见,随后植株枯死蔫,
湿度大时病株检,病株表面霉长满。
淡褐或白粉物现,后期生出黑小点。
病轻抽穗时间早,花而不实穗形小。

【防　治】

抗病品种首当先,无病田间把种选。
拔秧伤根要避免,稻田收获清病残。
秧苗隔夜不提倡,防止苗龄时间长,
烈日深泥不插秧,泛水浸秧需要防。
播前药液稻种浸,选好药剂灭病菌。
咪鲜胺或噁霉灵,噁霉甲霜苗菌净,
掌握时间严浓度,购买农药看说明。

表 1-1　防治水稻恶苗病使用药剂

通用名称(商品名称)	剂　型	使用方法
咪鲜胺	25％乳油	3000 倍液浸种
多菌灵·福美双(苗菌净)	30％可湿性粉剂	700 倍液看说明书使用
噁霉灵(绿亨 1 号)	95％可溶性粉剂	2000～3000 倍液浸种
噁霉·甲霜(广枯灵)	3％水剂	700 倍液浸种

水稻苗疫病

【诊　断】

长江流域发生多,主害早稻前期苗。
秧苗叶片若感染,叶上初生黄圆斑,
随后扩展病斑变,灰绿水渍条斑产,
病斑融合叶纵卷,湿时白疏霉层显,
病斑颜色渐褐变,灰白霉层渐出现,
中下叶片局部枯,严重整株死亡见。
三叶前期病易感,阴雨连绵病发展。

【防　治】

秧田年年要轮换,地势高处作秧田,
浅水勤灌防串灌,增施磷钾氮不偏,
发现病害水不淹,喷药防治不可缓。
乙蒜素或霜霉威,甲霜铜剂互轮换。

表 1-2　防治水稻苗疫病使用药剂

通用名称(商品名称)	剂　型	使用方法
乙蒜素	80％乳油	6000～8000 倍液浸种
霜霉威	72.2％水剂	在秧苗 3 叶期 800 倍液喷洒
琥珀·甲霜灵(甲霜铜)	50％可湿性粉剂	800 倍液浸种

水稻烂秧病

【诊　断】

水稻烂秧两类型，传染性和生理性。

传染包括三种病，绵腐绵疫和立枯。

水稻播后出苗前，立枯病害若感染，

种芽褐色扭曲变，严重时候变腐烂。

病苗初期根暗白，逐渐坏死黄褐色。

苗基变褐软腐烂，心叶下垂呈萎蔫。

叶鞘上显褐色斑，导致全株黄褐变，

有时青枯全株垂，病秧基生灰白霉。

绵腐绵疫引烂秧，幼芽基部显症状，

白色胶物产少量，白色棉毛四周长，

菌丝发展放射状，后变褐绿泥土样，

病初发生个别点，严重死亡成一片。

生理烂秧原因多，晒种不好种受潮。

浸种未透水换少，温度过高或过低。

导致种子发芽慢，种黏色变成腐烂。

三叶前后天气变，低温过后暴晴天，

温差过大诱病变，黄枯或者青枯见。

低温阴雨深水灌，烂秧病害是发展。

生理烂秧后转换，染病烂秧后可见。

【防　治】

育苗技术是关键，环境条件多改善，

未熟农肥不能用，低温阴雨要行动。

药剂防治重苗床，选药处理苗土壤。

种子处理首当先，浸种以前晒几天。
拌种喷雾都应用，噁霉灵和广枯灵，
噁霜甲霜苯噻氰，相互轮换适时喷。
地膜覆盖可提倡，防止低温生烂秧。

表 1-3　防治水稻烂秧病使用药剂

通用名称（商品名称）	剂　型	使用方法
噁霉灵	30%可湿性粉剂	播前按干稻种的 0.4%～0.7%拌种
噁霜·甲霜	3%水剂	500 倍液浸种 24 小时
苯噻氰	30%乳油	1000 倍液浸种喷雾，但对稻田鱼类敏感，应慎用

水稻白绢病

【诊　断】

双季稻区可发现，成株茎基晚苗染。
病部颜色褐色显，菌丝状似白色绢。
后期形成褐菌核，病症特征要记牢。
成株染病显黄萎，晚稻苗病致苗枯。
病菌可在土越冬，带菌土壤染根茎。

【防　治】

水稻烂秧方法看，综合防治效果显。

水稻霜霉病

【诊　断】

水稻霜霉有别名，又称黄化萎缩病。
秧苗后期始显症，分蘖盛期症状明。

发病初期看叶片,黄白小斑生叶面,
不规条纹花叶斑,随后叶面再出现。
病株心叶淡黄卷,生长不良抽出难,
根系不良株矮缩,下部老叶枯死掉。
分蘖感病穗不见,孕穗抽出畸形变,
叶鞘侧面拱成拳,穗小不实很难看。
暴雨连阴多发病,低温有利病流行。

【防　治】

地势高处作秧田,天涝时候水排完,
杂草病苗多除铲,清除病源无后患。
化学防治很关键,病初选药喷叶面。
霜脲锰锌抑快净,嘧菌酯或安泰生,
同种异名莫混乱,认准商标好药选。

表 1-4　防治水稻霜霉病使用药剂

通用名称(商品名称)	剂　型	使用方法
霜脲·锰锌(克露)	72%可湿性粉剂	病初 600 倍液喷雾
噁酮·霜脲氰(抑快净)	52.5%水分散粒剂	病初 1800 倍液喷雾
嘧菌酯	25%悬浮剂	病初 1000 倍液喷雾
丙森锌(安泰生)	70%可湿性粉剂	病初 600 倍液喷雾

稻瘟病

【诊　断】

稻瘟病害有别名,又称火烧叩头瘟,
全国稻区都分布,主害叶茎和穗部。
危害时期所不同,病害又分好几种,

苗瘟叶瘟和节瘟,穗颈瘟或谷粒瘟。
苗瘟出现三叶前,种子带菌所感染。
病苗基部灰黑变,上部变褐呈缩卷,
湿度大时病症显,大量灰黑霉层产。
叶瘟侵害各时段,分蘖拔节病较多,
叶瘟病斑四区分,慢急白点褐点型。
慢性病斑有特点,暗绿小斑始叶面,
逐渐扩大梭形斑,常有褐色线伸延。
病斑中央灰白颜,褐色边缘仔细看,
外有淡黄色晕圈,灰色霉层叶背显,
斑多连片合大斑,病斑发展速度慢;
急性病斑不一般,感病品种细诊断。
暗绿病斑圆椭圆,褐霉产生叶两面,
条件不适病转变,慢性病斑后续见;
白点病斑嫩叶染,白圆小斑出叶片,
气候有利可扩展,又转急性型病斑;
褐点病斑有特点,高抗品种老叶观,
针尖褐点病部产,叶脉之间只局限。
节瘟抽穗始发现,穗节产生褐小点,
随后绕节再扩展,病部变黑易折断。
病早植株白穗显,病晚穗部秕谷见。
谷粒若把稻瘟染,不规椭圆褐斑产,
稻谷变黑随后见,护颖受害褐色变。
病菌草谷上越冬,翌年分生孢子生,
风雨传播稻株染,扩展发病中心产,
阴雨连绵云雾露,光照不足病迅速。

【防　治】

因地制宜品种选,抗病品种首当先。

留种要选无病田,染病稻草烧毁完。

田间施肥要配方,植株健壮抗性强。

全生育期病都染,苗期防治首当先。

三环唑或稻瘟灵,四氯苯酞克瘟净,

稻瘟克或咯菌腈,科学配对适时用。

表1-5　防治稻瘟病使用药剂

通用名称(商品名称)	剂　型	使用方法
三环唑	75%可湿性粉剂	育苗时每米² 秧田用药2～3克,对水3升浇在床土上,隔1天播种
四氯苯酞	50%可湿性粉剂	初见病斑时,每667米²用药64～100克,对水45～60千克喷雾
克瘟净(稻瘟特)	20%可湿性粉剂	见病斑每667米²用药100～150克对水45千克喷雾
稻瘟克(瘟立克)	20%可湿性粉剂	见病斑每667米²用药100～130克对水45千克喷雾
咯菌腈	25%悬浮剂	发病时1000倍液喷雾

水稻胡麻斑病

【诊　断】

又名胡麻叶枯病,全国稻区均发生。

苗至收获病均染,危害多数呈叶片,

种芽受害芽鞘褐,芽未出时就死掉。

苗期鞘叶病若感,椭圆病斑多出现。
胡麻籽形色暗褐,病斑扩展连成条。
成株染病看叶片,初期褐色小病点,
逐渐扩大椭圆斑,芝麻大小形状见。
褐至灰白斑中显,褐色出现斑边缘,
周围深浅黄晕圈,严重连成大病斑。
病叶叶尖向内干,潮湿死苗黑霉产。
叶鞘染病细查看,病斑初始形椭圆,
颜色暗褐是特点,水渍边缘色褐淡,
不规大斑随后见,斑心出现灰褐颜。
穗颈枝梗病若染,受害部位色褐暗。
谷粒早期若染病,病斑小而缘不明。
病重谷粒质易碎,气候湿润黑绒霉。

【防　治】

深耕灭茬压菌源,病草及时销毁完。
无病田间种子选,种子消毒记心间。
增施农肥和磷钾,植株抗性能增加。
酸性土中石灰掺,浅灌勤灌免水淹。
药剂防治选准药,稻瘟病害多参照。

水稻叶鞘腐败病

【诊　断】

苗至抽穗病都染,苗期鞘上生褐斑,
病斑边缘不明显,这个症状记心间。
分蘖时期病若感,叶鞘叶片上细看,
初显针尖深褐点,扩后菱形深褐斑,

叶片叶脉交界看,多显褐色大片斑。

孕穗抽穗再诊断,剑叶叶鞘发病先,

不规病斑叶鞘产,褐至暗褐颜色显,

病斑颜色有特点,中间色浅黑褐缘,

严重出现虎纹斑,整个叶鞘上扩展,

叶鞘幼穗腐烂完,湿大白至红霉产。

【防　治】

抗病品种需选好,加湖五号厚丰早。

测土配方不可免,各种元素要全面,

分期施肥氮不偏,脱肥早衰要避免。

浅水勤灌适润田,增强抗病植株健。

喷药结合稻瘟病,高锰酸钾多菌灵,

甲硫混合福美双,适时喷雾及时防。

表1-6　防治水稻叶鞘腐败病使用药剂

通用名称(商品名称)	剂　型	使用方法
多菌灵	50%可湿性粉剂	800倍液隔15天喷雾防治1次
高锰酸钾	95%晶体	0.02%溶液喷雾
甲基硫菌灵(甲基托布津)	50%可湿性粉剂	每667米^{2}用甲基硫菌灵与福美双各35克混合配对溶液喷雾
福美双	50%可湿性粉剂	

水稻叶鞘网斑病

【诊　断】

南方稻区多发现，主害叶鞘和叶片。

叶鞘染病水上看，水上叶鞘发病先，

湿黑小斑初始见，病斑随后渐扩展。

病斑纺锤或椭圆，黑褐网纹上布满。

后期危害剑叶鞘，叶鞘变为黄绿色，

鞘内菌核灰白颜，形似颗粒不腐软。

叶片染病黄叶尖，后沿叶脉两侧展，

鞘内组织菌丝白，粒状菌核似石灰，

表面常常生白霉，病从叶尖向下退。

传播途径尚不清，深水田块发病重。

【防　治】

病区要种糯质稻，品种抗性要记牢，

施肥浇水精细管，及时排水需晒田，

染病杂草处理好，防止该病再传播。

防病农药正探索，井冈霉素多菌灵，

还有甲基硫菌灵，适时适度能控病。

表 1-7　防治水稻叶鞘网斑病使用药剂

通用名称（商品名称）	剂　型	使用方法
井冈霉素	5%水溶性粉剂	每 667 米^{2}80 毫升对水 65～70 升与多菌灵混合喷雾
多菌灵	50%可湿性粉剂	800～1000 倍液喷雾
甲基硫菌灵	70%可湿性粉剂	1000 倍液病初喷雾

水稻叶黑肿病

【诊　断】

水稻黑肿有别名,又称稻叶黑粉病,
中南稻区发生多,北方稻区危害少。
稻叶染病看两面,病斑初现叶面散,
有时群体褐斑点,沿脉线状呈续断,
随后变化稍隆起,变黑内充冬孢堆,
隆起病斑四周变,仔细诊断黄色显,
重病叶片病斑满,叶片提早枯黄颜。

【防　治】

抗病品种要选好,病草堆肥处理早,
配方施肥营养全,分期追施早衰免。
药剂防治选好药,三唑酮液喷周到。

表 1-8　防治水稻叶黑肿病使用药剂

通用名称(商品名称)	剂　型	使用方法
三唑酮	20%乳油	1200～1500 倍液喷雾

水稻菌核秆腐病

【诊　断】

苗期开始病就染,拔节以后始扩散,
抽穗之后茎腐烂,乳熟后期株枯蔫。
该病分为两类型,小球菌核小黑菌。
小球菌核病若染,病初叶鞘生黑斑,

病斑上下向内展,黑色纵向大斑显。

病斑表面仔细看,稀薄浅灰霉层产,

病鞘内侧表面检,块状菌丝常常见,

病菌由鞘入茎秆,茎基成段变腐软,

最后茎部颜色变,灰白腐朽是特点。

剖剥茎秆再诊断,茎内小型菌核现。

小黑菌核病若染,初始叶鞘生黑斑,

小球菌核区分辨,病展不见纵向线,

病鞘内侧表面瞧,块状菌丝找不到,

茎斑黑线不明显,后期茎秆腔内看,

小黑菌核内边生,北方稻区逐年重,

严重地块全田倒,造成损失难收获。

菌核稻桩稻草落,流入土壤多年活,

高温高湿利于病,降雨湿大易流行。

【防　治】

抗病品种首先选,水旱轮作菌源减,

病草沤制温要高,插秧前要捞菌核。

增施磷钾忌偏氮,浅水勤灌适晒田。

化学防治抢时间,病初喷药最关键,

腐霉利或咪鲜胺,井冈霉素克瘟散,

异菌脲或农利灵,轮换喷雾无抗性。

表 1-9　防治水稻菌核秆腐病使用药剂

通用名称(商品名称)	剂　型	使用方法
井冈霉素	5%水剂	1000 倍液病初喷雾
腐霉利	50%可湿性粉剂	1500 倍液病初喷雾

通用名称(商品名称)	剂　型	使用方法
咪鲜胺	25%乳油	1000～1500 倍液病初喷雾
克瘟散	40%乳油	1000 倍液病初喷雾
乙烯菌核利(农利灵)	50%干悬浮剂	800 倍液病初喷雾
异菌脲	50%可湿性粉剂	700 倍液病初喷雾

水稻纹枯病

【诊　断】

该病又名云纹病,苗至穗期都发病。

叶鞘染病看水面,近水面处有病变。

暗绿水斑似水浸,扩展椭圆云纹形。

中部灰褐或灰绿,湿度低时呈灰白,

中间破坏半透明,边缘暗褐不相同。

严重数斑合一片,不规形状云纹斑。

导致叶片黄枯现,诊断时候抓特点。

叶片染病再细看,云纹病斑黄边缘,

病斑快时污绿显,叶片很快就腐烂。

茎害状似稻叶片,后期黄褐易折断。

穗茎受害初污绿,后变灰褐难抽穗。

湿度大时病部观,网状白色菌丝产,

随后聚成菌丝团,深褐菌核最后见。

高湿时候不一般,白色粉霉斑上显。

菌核土中把冬越,翌春适时又侵害。

菌核每亩六万粒,温湿高时流行易。

【防　治】

打捞菌核莫小看,减少菌源效果显。

抗病耐病品种选,少用农药成本减,

配方施肥不偏氮,增强抗性株体健。

分蘖灌水做到浅,中期促根要晒田,

科学管理病少染,喷药防治好药选,

井冈霉素克百菌,噻氟菌胺菌核净,

丙环唑或氟酰胺,相互轮换抗性免。

药量水量准确算,提高防效少污染。

表 1-10　防治水稻纹枯病使用药剂

通用名称(商品名称)	剂　型	使用方法
井冈霉素	5%水剂	1000 倍液病初喷雾
硫·多·三唑酮(克百菌)	40%悬浮剂	分蘖末期每 667 米² 用药 200 毫升对水 60 升喷雾
噻氟菌胺	23%悬浮剂	分蘖末期每 667 米² 用药 13～25 毫升对水喷雾
菌核净	40%可湿性粉剂	病初每分蘖丰期每 667 米² 用药 200 毫升对水喷雾
丙环唑	25%乳油	分蘖末期 3000 倍液喷雾
氟酰胺	20%可湿性粉剂	在分蘖盛期及破口期分别每 667 米² 用药 100～125 克对水 50 升喷雾 1 次

水稻云形病

【诊　断】

又称褐色叶枯病,长江流域稻区生。

地上部位病都染,主害位置在叶片。

叶片染病两种症,地形气候各不同。

海拔高处云纹斑,染病开始下叶片,

叶尖(或叶缘)产生水浸斑,速向叶基(或内侧)波浪展,

病斑中心灰褐颜,灰绿颜色在外缘。

后期病斑有特点,波浪云纹线条见。

阴雨潮湿天气变,叶片水浸状腐烂。

高湿病健交界看,白色粉物可出现。

大风地区若感病,病斑显症不相同,

叶上出现暗褐点,随后扩展椭圆斑,

病叶对着光线看,病斑形圆黄晕圈,

病健界限不明显,轮纹形状不出现,

后期病斑再诊断,中央枯白褐周缘,

外围还有黄晕圈,严重斑连褐枯完。

叶鞘受害叶枕检,暗褐斑点初期产,

随后发展斑形变,不规或似菱形斑,

淡褐颜色斑中间,外围黄色部位宽,

严重叶鞘死整段,导致叶穗也病变。

扬花灌浆发病重,阴雨连绵易流行。

【防　治】

带病田间不选种,种子处理看稻瘟。

配方施肥不偏氮,适时搁田浅水灌。

水稻破口至齐穗,喷药防治是时机。

克百菌和三唑酮,水量药量配对准。

表 1-11 防治水稻云形病使用药剂

通用名称(商品名称)	剂 型	使用方法
硫·多·三唑酮(克百菌)	40%悬浮剂	每 667 米^{2}150～200 克常规喷雾
三唑酮	25%可湿性粉剂	每 667 米^{2}50 克常规喷雾

水稻叶尖枯病

【诊 断】

又名叶尖白枯病,叶片部位主生病。

叶尖叶缘病始染,后沿叶缘向下展,

病斑初始色墨绿,渐变灰褐终枯白。

病健交界褐条纹,病部纵裂破碎症。

稻谷受害颖壳看,边缘深褐斑点见。

叶片叶缘伤口染,拔节孕穗病明显。

低温多雨有台风,暴风雨后利于病。

配方施肥不偏氮,分蘖后期适晒田。

抗病品种首先选,加强检疫防病传,

种子处理多菌灵,禾枯灵或稻病宁。

中心病株若出现,及时喷药莫迟缓。

表 1-12　防治水稻叶尖枯病使用药剂

通用名称(商品名称)	剂　型	使用方法
多菌灵	50%可湿性粉剂	250～500 倍液浸种 24～48 小时
多菌灵·三唑酮(稻病宁)	30%可湿性粉剂	每 667 米² 用药 30～40 毫升对水 60 升喷雾

水稻窄条斑病

【诊　断】

又名稻条叶枯病,全国稻区均发生,
叶片染病初褐点,后沿叶脉两边展,
中央灰褐呈短线,四周红褐颜色见。
病重斑连呈长条,引致叶片枯死早。
严重叶鞘全紫变,上部叶片枯死干。
穗颈枝梗病若染,初为暗至褐小点。
严重时候枯穗茎,仔细诊断稻瘟分。
高温阴雨利于病,长期深灌发病重。

【防　治】

种子处理放在先,稻瘟方法可参看。
收后病草集中烧,来年传播病源少。
抗病品种首先选,配方施肥不偏氮。
浅水勤灌不晒田,药剂防治抽穗前。
波尔多液菌毒清,防霉宝和多菌灵。
药量水量剂量准,仔细周到喷均匀。

表 1-13　防治水稻窄条斑病使用药剂

通用名称(商品名称)	剂　型	使用方法
波尔多液	1∶2∶100	倍式波尔多液抽穗前喷3次
菌毒清	5％水剂	500 倍液抽穗前喷雾
多菌灵·盐酸盐(防霉宝)	60％可湿性粉剂	700 倍液喷雾
多菌灵	50％可湿性粉剂	800 倍液喷雾

水稻谷枯病

【诊　断】

又名水稻颖枯病,长江流域均发生。
抽穗以后二十天,危害幼颖此时间。
颖壳顶端初始显,渐展清晰椭圆斑,
病斑融合再扩展,米粒感染枯白变。
乳熟以后病若染,米粒瘦小质也变。
成熟时候病若见,米粒上有褐小点。

【防　治】

无病种子首先选,种子处理稻瘟看。
抽穗时候选好药,稻瘟方法可参照。

水稻一炷香病

【诊　断】

稻穗部位主感染,显症时候抽穗前。
米粒形状子实体,包埋花蕊颖壳内,
子实内外壳缝展,外壳逐渐褐色变。

菌丝有时小穗缠,小穗不能正常散,
病穗抽出圆柱状,俗称该病一炷香。
病穗初始色淡蓝,随后变白黑粒点。
种子带菌是原因,幼芽侵入当年病。

【防　治】

加强检疫防侵入,发病地区禁引种,
无病田间可留种,种子处理是根本。
温烫浸种十分钟,盐水选种最常用。
药剂处理不可少,稻瘟方法可参照。

稻粒黑粉病

【诊　断】

又称乌米黑穗病,长江流域病多生。
扬花开始至乳熟,病菌只害稻谷粒。
近熟时期始显症,病粒污绿内黑粉。
成熟腹部呈开裂,露出黑粉颗粒外,
黑色病物形似舌,常常渗出黑汁液。
种子土壤病菌感,成为病害主菌源。
孢子借着气流传,抽穗扬花穗部染,
杂交水稻制种田,黑粉病菌多出现。

【防　治】

植物检疫首当先,病区稻种严禁传。
种子处理播种前,轮作倒茬在两年。
盛花丰期喷农药,掌握时间很重要,
丙环唑或戊唑醇,烯唑醇或三唑酮,
药量水量时间准,破口花期药不用。
下午施药好时间,喷施农药害可免。

表 1-14　防治稻粒黑粉病使用药剂

通用名称(商品名称)	剂型	使用方法
丙环唑	25%乳油	2000 倍液喷雾防治
戊唑醇	25%水乳剂	每 667 米² 用药 50 毫升对水 50 升喷雾
烯唑醇	12.5%可湿性粉剂	每 667 米² 用药 30 克对水 50 升喷雾
三唑酮	25%可湿性粉剂	每 667 米² 用药 50 克对水 50 升喷雾

稻 曲 病

【诊 断】

该病又称伪黑穗,病染穗部害谷粒。

谷内菌丝渐膨大,内外颖壳呈开花,

露出淡黄块状物,内外颖侧随后包,

黑绿颜色可呈现,外包薄膜裂破产。

墨绿粉末即可散,有的黑扁菌核见。

破口嫩颖易侵染,发病低温阴雨天。

【防 治】

因地抗病品种选,增施磷钾控制氮。

化学防治抓关键,喷雾要在破口前。

禾穗清或多菌酮,井冈霉素粉锈宁。

药量水量准确算,相互轮换效果显。

表 1-15　防治稻曲病使用药剂

通用名称（商品名称）	剂　型	使用方法
井·氧化亚铜（禾穗清）	42%可湿性粉剂	在主茎剑叶枕高出 2 叶枕 1～2 厘米时，800 倍液喷雾
多菌酮	10%可湿性粉剂	每 667 米^2 用药 150～200 克对水 50 升喷雾
三唑酮（粉锈宁）	15%可湿性粉剂	每 667 米^2 用药 100 克对水 50 升喷雾

水稻白叶枯病

【诊　断】

该病又称白叶瘟，每个时期均发生。
苗期分蘖受害重，各个器官均染病。
症状常见分三种，叶枯褐斑凋萎型。
叶枯症显主叶片，严重叶鞘也感染，
发病开始叶尖缘，暗绿水浸线状斑，
沿着线斑很快变，黄白病斑即可显，
后沿叶缘两侧展，先黄最后枯白现。
急性凋萎症状看，苗期分蘖可出现，
根系茎基伤口侵，进入维管易发病。
心叶失水青枯萎，其余叶片枯卷曲，
菌脓出现茎内腔，挤压黄脓溢大量。
褐斑症状若诊断，抗病品种易出现，
病菌伤口多入侵，气温低时不利病。

病斑外围病状显,褐死反应带出现,
病情扩展可停滞,这个特点要记住。
病原分类属细菌,不同环境不同症。
细菌随种可越冬,叶片水孔伤口侵。

【防　治】

植物检疫不放松,不从病区去引种。
合理施肥不偏氮,适时适度要晒田。
抗病品种首当先,种子消毒播种前。
化学防治药选好,不同时期不同药,
中生菌素噻菌酮,噻叶唑或消菌灵,
克菌磷或四零二,药量水量要算准。

表 1-16　防治水稻白叶枯病使用药剂

通用名称(商品名称)	剂　型	使用方法
抗菌 402	80%水剂	2000 倍液浸种 48 小时
噻叶唑	20%可湿性粉剂	3~4 叶期每 667 米^2 用药 100~125 克对水喷雾
氯溴异氰脲酸(消菌灵)	50%水溶性粉剂	拔节后出现病株 1000 倍液喷雾
克菌磷	50%可溶性粉剂	拔节后每 667 米^2 用药 100~150 克对水喷雾
噻菌酮	20%悬浮剂	拔节后 500 倍液喷雾
中生菌素	1%水剂	拔节后每 667 米^2 用药 360~540 毫升对水 45~50 升喷雾

水稻细菌性条斑病

【诊　断】

该病又称细条病,发病主要在叶片。

病初暗绿水浸斑,斑在脉间快扩展,

暗绿黄褐细条斑,浸润绿斑在两端。

带珠黄脓斑上溢,干后呈现胶状粒。

严重条斑可融合,褐至枯白不规则,

对光可见半透明,病情严重叶卷曲。

一片黄白出田间,记住病状可诊断。

病原分类属细菌,病菌多从伤口侵。

偏施氮肥灌水深,高温高湿病易生,

台风暴雨创伤口,细菌条斑易流行。

【防　治】

检疫对象已确定,不从病区去引种。

抗病品种首先选,增施磷钾株强健。

配方施肥不偏氮,串灌深灌要避免。

喷雾浸种两齐全,化学防治好药选。

噻枯唑或绿乳铜,叶枯唑或噻菌酮,

药量水量计算准,仔细周到喷均匀。

表 1-17　防治水稻细菌性条斑病使用药剂

通用名称(商品名称)	剂　型	使用方法
噻枯唑	25%可湿性粉剂	育秧田 4～5 叶期,每 667 米² 用药 100～150 克对水 60～70 升喷雾。发病初期、齐穗期各防 1 次,7～10 天再喷 1 次

通用名称(商品名称)	剂　型	使用方法
松脂酸铜(绿乳铜)	12%乳油	每 667 米² 用药 50～80 毫升对水 50 升喷雾
叶枯唑	20%可湿性粉剂	病初 800 倍液喷雾
噻菌酮(龙克菌)	20%悬浮剂	病初 400～500 倍液喷雾

水稻细菌性谷枯病

【诊　断】

属于水稻新染病,贵州台湾有发生。

齐穗乳熟绿穗直,染病谷粒初苍白,

形似缺水状凋萎,渐变灰白渐黄色,

颖端基部紫褐变,穗轴枝梗绿色健。

受害稻穗谷粒染,病重谷粒枯一半,

严重稻穗直不弯,病健界限较明显。

病原分类属细菌,谷粒带菌常传病。

高温多日降雨少,抽穗时期发病多。

【防　治】

水稻检疫不放松,病区禁止去引种。

抽穗时期快喷药,药量水量配对好。

波锰锌或绿乳铜,可杀得或加瑞农。

表 1-18　防治水稻细菌性谷枯病使用药剂

通用名称(商品名称)	剂　型	使用方法
波·锰锌	78%可湿性粉剂	抽穗时期 500 倍液喷雾
松脂酸铜(绿乳铜)	12%乳油	抽穗时期 500 倍液喷雾
氢氧化铜(可杀得)	53.8%干悬剂	抽穗时期 600 倍液喷雾
春雷·王铜(加瑞农)	47%可湿性粉剂	抽穗时期 600 倍液喷雾

水稻细菌性基腐病

【诊　断】

主害茎基和根节,发病多在稻分蘖。

土表茎基叶鞘看,产生水浸椭圆斑,

逐渐扩展褐边缘,中间枯白可出现,

剥去叶鞘再细检,根节部位黑褐变,

深褐纵条有时见,恶臭出现根节烂。

拔节发病再细观,自下而上黄叶片,

近水叶鞘边缘褐,病斑中间灰长条,

根节变色伴恶臭,诊断时候用鼻嗅。

穗期发病再诊断,病株失水青枯干,

枯重白穗随后显,扩展时候产量减。

根部茎基伤口染,茎基腐烂是特点。

病原分类属细菌,整个生育重复侵。

移栽以后始显症,抽穗时入病高峰。

【防　治】

抗病品种首先选,培育壮苗是关键。

直栽浅栽避免伤,水旱轮作肥配方。

栽前分蘖抽穗前,喷施农药是关键。

氢氧化铜噻菌酮,避开高温及时喷。

表 1-19　防治水稻细菌性基腐病使用药剂

通用名称(商品名称)	剂　型	使用方法
氢氧化铜	57.6％干悬剂	每 667 米² 用药 30 克对水 50 升喷雾
噻菌酮	20％悬浮剂	每 667 米² 用药 100 克对水 50 升喷雾

水稻细菌性褐斑病

【诊　断】

节穗枝梗和叶茎,水稻谷粒都染病。

叶片如果把病染,初褐水浸状小斑,

随后扩大病状变,纺锤赤褐条斑见,

黄晕出现在边缘,病斑中心灰褐颜,

病斑融合大条斑,叶片局部坏死显。

叶鞘受害抽穗前,赤褐短条穗苞产,

融合水渍大斑现,后期中央灰褐颜。

剥开叶鞘茎上看,黑褐条斑可发现。

剑叶病重穗不抽,穗轴颖壳均受损。

病原分类属细菌,伤口水孔气孔入。

偏氮串灌易发病,暴雨台风可加重。

【防　治】

植物检疫不放松,病区种子不流动。

配方施肥不偏氮,带菌稻草清除完。

浅灌防止田水串,病菌传播可以免。
化学防治好药选,白叶枯病可参看。

水稻细菌性褐条病

【诊　断】

苗期染病再细看,叶片叶鞘褐小斑,
扩展紫褐条斑显,有时斑长似叶片,
病苗枯萎叶脱落,植株长势很矮小。
成株染病叶基看,叶基中脉发病先,
水浸黄白色初显,沿脉扩展达叶尖,
下至叶鞘基部展,黄至深褐长条斑,
病部质脆易折断,随后全叶枯曲卷。
叶鞘染病再诊断,不规斑块可呈现,
随后黄褐颜色见,最后全部变腐烂。
心叶发病不能抽,死于心苞拔出臭,
病部如果用手挤,乳白淡黄菌液溢。
孕穗时期病菌入,穗苞受害穗早枯,
小穗淡褐弯曲畸,谷粒变褐不可食。
病原分类属细菌,伤口孔口可入侵,
高温高湿利于病,偏施氮肥发病重。

【防　治】

排灌系统合理建,防止大水稻田淹。
增施农肥养分全,配方施肥不偏氮,
综合防治效果显,细菌褐斑方法看。

水稻黄叶病

【诊　断】

又称黄条花叶病,南方稻区均发生。
苗期发病看叶尖,淡黄褪绿斑出现,
渐向基部再扩展,条纹花叶是特点。
叶肉变黄脉深绿,向上纵卷枯垂萎。
植株高低变矮缩,不分蘖来很矮小。
蘖后发病抽穗难,拔节染病抽穗晚。
病毒就是染病源,黑尾叶蝉把毒传。
干旱少雨病害多,杂交水稻耐病好。

【防　治】

单双季稻不混栽,昆虫转展少为害。
控制虫源地深翻,抗病品种认真选。
防治害虫病可控,感病之前火昆虫。
仲丁威或噻嗪酮,恶虫威粉轮换用。

表 1-20　防治水稻黄叶病使用药剂

通用名称(商品名称)	剂　型	使用方法
仲丁威	50%乳油	每 667 米² 用药 50～100 毫升对水 50 升喷雾
噻嗪酮	25%可湿性粉剂	每 667 米² 用药 25 克对水 50 升喷雾
恶虫威	20%可湿性粉剂	每 667 米² 用药 100～150 克对水 50 升喷雾

水稻条纹叶枯病

【诊　断】

苗期发病心叶看，褪绿黄斑基部显，

与脉平行黄纹展，条纹之间绿不变。

心叶柔软色白黄，卷曲下垂枯心状。

不同品种不一样，诊断时候记心上。

矮秆籼稻心不枯，黄绿相间条纹出。

水稻枯心分两种，病毒虫害危害分，

病毒枯心拔不起，蝼蛄为害易拔提。

昆虫传毒应须知，介体昆虫灰飞虱。

【防　治】

作物布局应调整，麦田稻田不相混，

抗病品种首先选，调整播期害虫减。

防病治虫最关键，选好农药防效显。

吡虫啉或氟虫腈，防治飞虱可选用。

病初病毒清喷洒，控制盐酸吗啉胍。

表 1-21　防治水稻条纹叶枯病使用药剂

通用名称(商品名称)	剂　型	使用方法
吡虫啉	10％可湿性粉剂	1500～2000 倍液浸种
氟虫腈	5％悬浮剂	常规稻每 10 千克种子用 250 克/升悬浮种衣物剂 10～16 毫升拌种
菌毒清	5％水剂	每 667 米^2 用药 200 毫升对水 50 升喷雾
盐酸吗啉胍	20％可湿性粉剂	300～400 倍液病初喷雾

水稻矮缩病

【诊　断】

又名普通矮缩病，南方稻区均发生。
苗期分蘖若感病，植株矮缩分蘖增，
叶片浓绿形僵直，病穗不抽难结实。
病叶症状有两种，白点型和扭曲型。
白点类型叶上观，黄白条斑呈虚线，
叶基部位最明显，始病叶片都出现。
扭曲类型若细诊，光照不足可显症，
心叶抽出扭曲状，心叶伸展色淡黄，
叶片边缘再细看，波状缺刻可出现。
孕穗时期若发病，剑叶叶鞘有特征，
白色点条出上面，形成包颈穗缩短。
病毒就是染病源，黑尾叶蝉把毒传。
冬春温暖伏秋旱，分蘖期前病易感。

【防　治】

抗病品种首先选，成片种植防叶蝉。
化学除草适推广，稻田消灭看麦娘。
早晚稻间不连片，防止叶蝉毒传染。
防病治虫最关键，水稻黄叶方法看。

水稻黑条矮缩病

【诊　断】

不同时期状不同，不同部位仔细诊。
叶片短阔分蘖增，叶色深绿形僵硬；

叶背脉上和茎秆,初始蜡白后褐变,
短条症状呈隆起,穗小有时不抽穗。
苗期发病仔细看,心叶僵直生长缓,
叶片浓绿呈短宽,叶脉初白后黑变,
植株矮化根短小,不抽穗来枯死早。
蘖期发病有特点,新生分蘖症先显,
主茎早蘖能抽穗,病穗短缩藏鞘内。
拔节期间再细瞧,剑叶短阔穗颈缩,
叶背茎秆再细观,短条形状瘤突产。
病原分类属病毒,传播途径灰飞虱。

【防　治】
杂交水稻发病轻,抗病品种当先行。
田边杂草彻底铲,压低虫源毒源减。
病染关键在秧苗,苗田防虫效果好。

水稻红叶病

【诊　断】
南方稻区常发现,病株矮缩叶色变,
橙至黄色叶片见,生长衰退较明显。
粳稻染病多呈黄,斑驳症状嫩叶上,
籼稻染病橙或红,由此得名红叶病。

【防　治】
传毒二小点叶蝉,此虫防治是关键,
抗病品种首先选,早期预防效果显。
治病防虫首当先,稻黄萎病可参看。

水稻黄萎病

【诊　断】

病株染病叶黄浅,叶片变薄质地软,

植株分蘖呈猛增,呈现矮缩变丛生。

苗期染病株矮变,生长不良抽穗难。

后期染病发病轻,分蘖增多显簇生。

病原分类属细菌,叶蝉传播显病症。

【防　治】

晚稻预防为重点,抗病品种首当先。

播种插秧时间调,错开叶蝉活动期。

黑尾叶蝉要早防,喷药时期重育秧,

仲丁威或噻嗪酮,危害高峰轮换用。

表 1-22　防治水稻黄萎病使用药剂

通用名称(商品名称)	剂　型	使用方法
仲丁威	50%乳油	每 667 米^2 用药 50～100 毫升对水 50 升喷雾
噻嗪酮	25%可湿性粉剂	每 667 米^2 用药 25 克对水 50 升喷雾

水稻橙叶病

【诊　断】

云南福建和海南,晚季稻田均发现。

分蘖盛期病害显,严重全田都黄遍,

孕穗以前枯株见,有的病株抽穗难。

生长中后病若染,穗小不实没有产。
病原分类属细菌,电光叶蝉把毒传。

防治措施尽量全,稻黄矮病可参看。

水稻根结线虫病

【诊　断】

根尖受害扭曲变,变粗膨大根瘤产,
根瘤形状似卵圆,随后发展长椭圆。
逐渐变软呈腐烂,褐显色白后褐变。
幼苗根瘤若出现,秧苗瘦弱叶色淡。
蘖期根瘤数量多,叶片发黄株矮小。
茎秆细弱根系短,长势衰减难复原。
穗期株矮短而少,结实率低秕谷多。
海南两广和云南,根结线虫有发现。
农事活动线虫动,幼虫为害侵新根。
酸土沙土发病重,翻耕晒田发病轻。

【防　治】

冬翻晒田少虫量,水旱轮作半年上。
抗病品种首先选,栽植以前石灰撒。
化学防治选好药,药量剂量要记牢,
巴丹药液福气多,处理土壤好效果。

表 1-23 防治水稻根结线虫病使用药剂

通用名称(商品名称)	剂型	使用方法
巴丹	92%可湿性粉剂	6000～8000倍液浸种48小时
噻唑磷(福气多)	10%颗粒剂	每667米² 用药1～2千克,混入细沙10～20千克,处理土壤后插秧

水稻赤枯病

【诊 断】

又名熬苗铁锈病,病状常见三类型。
中毒缺钾和缺磷,田间诊断仔细分,
缺钾赤枯分蘖前,分蘖末期病明显,
病株矮小生长慢,蘖少叶长披垂软,
叶部病自叶尖缘,黄褐色向基部展,
初现斑点赤暗褐,严重枯死似火烧。
缺磷时间栽秧后,三至四周是时候,
下部叶尖褐小斑,向内呈现褐枯干,
根系黄褐颜色显,黑根烂根混其间。
中毒移栽返青缓,株形矮小分蘖慢,
根系变黑或深褐,节生气根新根少。
自下而上叶赤枯,严重时候死整株。
缺钾沙土红壤田,分蘖低温吸钾减。
缺磷冷水红黄壤,低温吸磷受影响。
中毒土壤水多浸,泥土过厚无透性。

【防　治】

改良土壤深耕地,增施农肥促地力。

浅灌勤灌及耘田,土壤经常把气换。

配方施肥不偏氮,各个元素要齐全。

排灌设施不损坏,旱能灌来涝能排。

水稻低温冷害

【诊　断】

苗期如果温度降,全株叶色渐变黄,

植株下部黄叶产,有的叶片褐色变,

部分叶片白色显,有时黄白横条斑。

苗期低温时间长,苗田容易生烂秧。

穗期低温颖花伤,幼穗发育受影响。

开花冷害花期延,受精不良结实难。

成熟时期遇早霜,粒量下降减产量。

【防　治】

抗冷品种注重选,培育壮苗株强健,

温光水气重组合,地膜覆盖好效果。

水稻高温热害

【诊　断】

双季早稻灌浆期,正值盛夏高温季,

高温热害常出现,实率下降米质变。

高温开花受影响,授粉受精很不良。

【防　治】

抗病品种首先选,适期播种多试验,

开花灌浆避高温，防止高温产量损。

多得稀土营养剂[1]，喷施灌浆孕穗期。

水稻缺素症

【缺　氮】

株矮蘖少叶片小，颜色黄绿成熟早。

诊断时候老叶看，叶尖向下渐黄变，

叶茎再向心叶延，最后全株黄绿淡，

老叶枯黄发根慢，肥力不足常发现。

【缺　磷】

秧苗移栽后发红，很少分蘖不返青，

叶色暗绿无光泽，严重叶尖带紫色；

稻丛成簇不开散，矮小细弱根系短。

【缺　钾】

栽后两周症状显，叶片发黄褐斑点。

老叶尖端和叶缘，红褐小斑可出现，

叶尖向下缘向内，逐渐变成赤褐色。

严重新绿叶片少，远看形状似火烧，

主根枝根短细弱，整个根系暗褐少。

【缺　锌】

下叶中脉区域看，褪绿黄化症状显，

红褐斑点斑块产，扩大红褐条状见，

叶片基部向叶尖，叶片中间向叶缘，

红褐干枯逐渐展，下叶上叶依次现。

病株出现速度慢，新叶色淡窄而短，

---

①每 667 米² 用多得稀土纯营养剂 50 克对水 30 升于灌浆孕穗期。

尤其叶基仔细诊,中脉附近黄白色。
病重叶枕距离短,矮化丛生很明显,
生长不齐分蘖少,根系老朽色呈褐。

【缺　硫】

缺硫症状似缺氮,二者区分确有难。

【缺　钙】

叶片仍绿白叶尖,严重死亡生长点,
根系伸长时间延,根尖颜色呈褐变。

【缺　镁】

缺镁下部叶片看,脉间褪色是特点。

【缺　铁】

植株顶部幼叶看,脉间失绿黄色颜。
叶脉绿色仍不变,随后整叶失绿完。

【缺　锰】

嫩叶脉间失绿色,老叶保持近黄绿,
褪绿条纹逐渐变,叶尖向下可扩展,
暗褐坏斑后出现,新叶叶片窄而短。

【缺　硼】

缺硼植株呈矮变,抽出叶片有白尖。

【缺　铜】

缺铜叶片蓝绿显,失绿叶片近尖端,
褪色部位中肋看,中肋两侧向下展,
随后尖端暗褐变,新抽叶子不能展。

【防　治】

配方施肥首当先,大中微量元素全,
测土化验很关键,缺啥补啥最合算。
及时追肥喷叶面,严格浓度喷三遍。

二 化 螟

【诊 断】

昆虫分类须记牢,鳞翅目和螟蛾科。

该虫又名钻心虫,南北稻区均分布。

幼虫蛀茎剑叶黄,严重心叶枯死亡。

受害茎上有蛀孔,孔外很少有虫粪。

分蘖时期害植株,叶鞘苗心出现枯,

虫害孕穗抽穗期,出现枯穗和白穗。

灌浆乳熟害虫生,枯穗虫伤秕粒增。

该虫耐旱活力强,潮湿低温适应广。

【防 治】

性诱监测早预防,诱虫技术多推广,

少用农药综合防,稻田养鸭可提倡。

防治策略多理解,狠一控二巧三代①。

该虫具有抗药性,及时调整药品种。

新克乳油斑潜净,强无螟或氟虫腈。

药量水量要对准,掌握时间及时喷。

表 1-24 防治水稻二化螟使用药剂

通用名称(商品名称)	剂 型	使用方法
三唑磷·辛(新克)	40%乳油	每 667 米² 用药 60~70 毫升对水 45 升喷雾
阿维·杀单(斑潜净)	20%微乳剂	每 667 米² 用药 60 毫升对水 45 升喷雾

①狠治一代、控制二代,巧治三代。

通用名称(商品名称)	剂　型	使用方法
氟虫腈	5%悬浮剂	每 667 米² 用药 40～50 毫升对水 30～45 升喷雾
三唑磷·阿(强无螟)	20%乳油	每 667 米² 用药 50 毫升对水喷雾

三 化 螟

【诊　断】

鳞翅目和螟蛾科,山东以南稻区多。
寄主植物只水稻,食性单一须记牢。
幼虫钻入稻茎食,分蘖时期显枯心,
严重枯穗白穗现,颗粒无收产大减。
心叶受害失水卷,褪绿青白似葱管,
卷缩心叶抽出看,断面整齐是特点,
多数幼虫能看见,生长点坏枯心变。
受害稻株蛀孔小,孔外虫粪要记好。
成虫白天株下藏,黄昏时候活动旺。
同一卵块蚁螟孵,枯心白穗成团出,
株健穗齐受害轻,氮多贪青受害重。

【防　治】

预测预报不可免,防治时间是关键。
水稻布局适调整,避免混栽虫少生。
保护天敌控虫长,生物防治多提倡。
化学防治抢时间,喷药要在钻蛀前,
药水配对科学量,氟虫腈或杀虫双,

阿维唑磷斑潜净,相互轮换无抗性。

表 1-25　防治水稻三化螟使用药剂

通用名称(商品名称)	剂　型	使用方法
阿维·唑磷·辛	15％乳油	每 667 米^2 用药 60 毫升对水 60 升喷雾防治
阿维·杀单(斑潜净)	20％微乳剂	每 667 米^2 用药 60 毫升对水 60 升喷雾
氟虫腈	5％悬浮剂	每 667 米^2 用药 30 毫升对水 60 升喷雾
杀虫双	18％撒滴剂	每 667 米^2 用药 150 毫升对水 60 升喷雾防治

灰飞虱

【诊　断】

同翅目的飞虱科,长江中下发生多。
寄主植物禾本科,小麦玉米和水稻。
成若虫态都为害,刺吸各类寄主液,
引起植株生黄叶,严重枯死呈早衰。
南北发生五六代,福建两广三虫态。
麦田河边若虫转,禾科杂草越来年,
冬暖夏凉易出现,根据气候定方案。

【防　治】

穗齐以后十多天,越冬虫态峰期现,
每穗飞虱三五头,农药喷雾是时候。
毒死蜱或飞虱净,异丙威或吡虫啉,
药量水量要算准,相互轮换喷均匀。

表 1-26　防治灰飞虱使用药剂

通用名称（商品名称）	剂　型	使用方法
异丙威	4％粉剂	初期每 667 米² 用药 1000～1200 克直接喷粉
吡虫·异丙威（飞虱净）	10％可湿性粉剂	每 667 米² 用药 100～140 克对水 60 升喷雾
吡虫啉	70％水粉散粒剂	1000 倍液喷雾
毒死蜱（乐斯本）	40％乳油	1000 倍液喷雾

长绿飞虱

【诊　断】

昆虫分类要记牢，同翅目的飞虱科。
寄主刁柏和水稻，南北地区分布多。
成若虫态都为害，刺吸水稻叶汁液，
害叶上面有斑点，黄白浅褐棕褐颜。
随后叶色继续变，叶尖向下黄枯干，
泄物覆盖叶上面，形成煤污很难看。
雌虫产卵痕迹检，初期水渍状态显，
随后泌白绒蜡产，伤口失水株萎蔫。

【防　治】

预测预报做在前，沟塘田边杂草铲。
越冬二龄若虫盛，及时喷洒农药防。
虱螟特或扑虱灵，阿克泰或氟虫腈。
药量水量要算准，相互轮换及时喷。

表 1-27　防治长绿飞虱使用药剂

通用名称(商品名称)	剂　型	使用方法
扑虱灵	20%乳油	2000 倍液喷雾
噻虫嗪(阿克泰)	25%水粉散粒剂	6000 倍液喷雾
杀虫单·噻嗪酮(虱螟特)	75%可湿性粉剂	每 667 米² 用药 43 克对水 30 升喷雾
氟虫腈	5%胶悬剂	每 667 米² 用药 20 毫升对水 40 升喷雾

稻褐飞虱

【诊　断】

昆虫分类要记牢,同翅目的飞虱科。
成若虫态都为害,集稻丛下刺汁液,
雌虫产卵有特点,刺破叶鞘和叶片。
易使稻株失水干,菌核病害可感染。
霉菌泄物上面生,影响水稻光合性。
成若害虫喜阴湿,近离水面虫栖息。
田间阴湿偏施氮,密度大而水深灌,
晚秋温高利发展,虫害上升产要减。

【防　治】

合理布局减虫源,做好测报是关键。
适当烤田湿度减,后期防止株青贪。
抗虫品种首当先,保护天敌不可免。
若虫二龄活动旺,及时喷药把虫防。
醚菌酯或叶飞散,吡虫啉或杀虫单。
药量水量准确算,配对时候莫错乱。

表 1-28　防治稻褐飞虱使用药剂

通用名称(商品名称)	剂　型	使用方法
醚菌酯	10%悬浮剂	每 667 米^2 用药 50～100 毫升对水 60～90 升喷雾
吡虫啉	10%可湿性粉剂	2000 倍液喷雾
杀虫单・噻嗪酮(虱螟特)	80%可湿性粉剂	每 667 米^2 用药 30～40 克对水 60 升喷雾
双甲威(叶飞散)	25%乳油	每 667 米^2 用药 30 克对水 40 升喷雾

稻黑蝽

【诊　断】

昆虫分类要记牢，虱半翅目的蝽科。
为害寄主有好多，小麦玉米豆粟稻。
成若虫态都为害，茎叶穗部吸汁液，
受害部位产黄斑，严重分蘖发育缓。
成虫体长形椭圆，黑褐至黑颜色显，
白天稻丛基部潜，傍晚阴天穗叶片。

【防　治】

成虫产卵有特点，近水稻茎上产卵，
产卵时期适排水，适当降低产卵位，
随后灌水再浸泡，反复几次杀卵块。
化学防治抓关键，低龄若虫正时间，
氟虫腈或敌百虫，持效期长吡虫啉。
科学配对莫错乱，相互轮换喷三遍。

表 1-29　防治稻黑蝽使用药剂

通用名称(商品名称)	剂　型	使用方法
氟虫腈	5％悬浮剂	低龄若虫期喷洒 2000 倍液
吡虫啉	10％可湿性粉剂	低龄若虫期 800 倍液喷雾
敌百虫	90％晶体	低龄若虫期 800 倍液喷雾

稻潜叶蝇

【诊　断】

昆虫分类要记牢,双翅目的水蝇科。

幼虫为害叶肉潜,稻叶变黄干枯烂。

成虫体长色青灰,近似椭圆触角黑,

卵长椭圆乳白颜,幼虫圆筒略平扁。

该虫为害有时间,插秧缓苗最明显。

【防　治】

稻田杂草及时铲,减少虫源很关键。

化学防治药效好,灭蝇胺或多来宝,

间隔七天喷两遍,相互轮换效果显。

表 1-30　防治稻潜叶蝇使用药剂

通用名称(商品名称)	剂　型	使用方法
灭蝇·杀单(灭蝇胺)	10％可湿性粉剂	1000 倍液喷雾
醚菌酯(多来宝)	10％胶悬剂	1000 倍液喷雾

稻秆潜蝇

【诊　断】

该虫又名稻秆蝇,分布南北多个省。

寄主植物有好多,小麦水稻早熟禾。

幼虫蛀茎害多位,心叶长点和幼穗。

苗期受害有特征,受害心叶小孔洞,

纵裂长条破叶片,新叶抽出扭曲变。

受害植株分蘖多,植株矮化穗秕小,

幼穗受害穗白短,扭曲残缺不完全。

成虫体长色黄鲜,头胸部位呈等宽。

冬暖夏凉利于虫,光暗潮湿为害重。

【防　治】

抗虫品种首先选,防治策略是关键,

代代防治抓重点,狠一挑二巧秧田[①]。

卵盛孵期抢时间,选好药剂喷田间。

杀螟松或敌敌畏,阿维菌素毒死蜱。

幼虫防治施叶面,带卵秧田把根蘸。

表 1-31　防治稻秆潜蝇使用药剂

通用名称(商品名称)	剂　型	使用方法
杀螟松	50%乳油	每 667 米² 用药 50 毫升对水 50 升喷雾
敌敌畏	80%乳油	每 667 米² 用药 50 毫升对水 50 升喷雾

①狠治一代虫、挑治二代虫、巧治育秧田的虫。

通用名称(商品名称)	剂 型	使用方法
阿维菌素	1%乳油	每 667 米² 用药 12.5 毫升对水 50 升浸秧根
毒死蜱	48%乳油	每 667 米² 用药 75 毫升对水 50 升浸秧根

大 螟

【诊 断】

昆虫分类要记牢,鳞翅目的夜蛾科。

寄主作物有好多,玉米高粱麦和稻。

确诊参看二化螟,掌握特点细区分。

幼虫为害把茎蛀,枯鞘枯心穗子枯,

虫粪多而蛀孔大,叶鞘茎秆之间夹,

受害枯苗田边多,稻田中间比较少。

诊断时候仔细看,红褐诱斑蛀处见。

【防 治】

重视一代预测报,防治适期很重要。

田边杂草及时铲,越冬虫源可以减。

化学防治抓重点,狠治一代稻田边。

幼虫一至二龄段,及时喷药效果显。

三唑磷辛氟虫腈,阿维杀单强无螟。

表 1-32　防治大螟使用药剂

通用名称(商品名称)	剂　型	使用方法
三·唑磷·辛	40%乳油	每 667 米² 用药 60 毫升对水 50 升喷雾
氟虫腈	5%悬浮剂	每 667 米² 用药 30～40 毫升对水 50 升喷雾
三唑磷·阿(强无螟)	20%乳油	每 667 米² 用药 60 毫升对水 50 升喷雾
阿维·杀单	20%微乳剂	每 667 米² 用药 60 毫升对水 50 升喷雾

稻纵卷叶螟

【诊　断】

昆虫分类要记牢,鳞翅目的螟蛾科。

为害寄主有好多,小麦甘蔗粟水稻。

幼虫缨丝卷叶片,呈现虫苞是特点。

圈居其中食叶肉,形成白斑表皮留。

粒重降低秕粒增,严重造成产量损。

成虫白天栖稻田,遇惊即扰飞不远。

夜晚活动交配恋,卵产稻叶正背面,

习性趋乐趋嫩绿,喜食蚜蜜和花蜜。

一龄幼虫苞不见,二龄吐丝卷叶尖,

三龄幼虫卷叶片,束腰虫苞很明显,

四至五龄多转苞,稻田枯白出现多。

【防　治】

保护稻螟赤眼蜂,平衡生态控虫生,

人工释放赤眼蜂,产卵盛期时候准。

每亩释放三四万,间隔三天放三遍。

生物农药环境保,Ｂt乳剂效果好。

化学防治抓关键,分蘖时期田间看,

幼虫为害若达标,及时喷施化学药,

阿维毒或吡虫啉,醚菌酯或氟虫腈。

药量水量要算准,相互轮换及时喷。

表 1-33　防治稻纵卷叶螟使用药剂

通用名称(商品名称)	剂　型	使用方法
吡虫啉	10%可湿性粉剂	百穴二至三龄幼虫达 50 头时 2000 倍液喷雾
氟虫腈	5%悬浮剂	百穴二至三龄幼虫达 50 头时 1500～2000 倍液喷雾
醚菌酯	10%胶悬剂	百穴二至三龄幼虫达 50 头时 2000 倍液喷雾
阿维·毒	15%乳油	百穴二至三龄幼虫达 50 头时 1500 倍液喷雾

显纹纵卷叶螟

【诊　断】

昆虫分类要记牢,鳞翅目的螟蛾科。

为害特点仔细诊,好似稻纵卷叶螟。

幼虫吐丝叶缘粘,叶边向着中央卷。

隐藏其内食叶肉,白色网脉后残留,
成虫日伏夜晚出,具有很强趋光性。

【防　治】

综合防治效果显,稻纵卷叶螟参看。

褐　边　螟

【诊　断】

昆虫分类要记牢,鳞翅目的螟蛾科。
寄主植物有好多,鸭舌稗草和水稻。
幼虫为害有特点,剑叶叶鞘空隙钻,
蛀入茎秆第一节,白色柔嫩处为害。
雌蛾前翅黄褐颜,棕褐七点具外缘,
翅中棕褐三小点,三角排列呈等边。
末龄幼虫头深褐,胸腹部位主绿色。
成块产卵稻叶片,初孵幼虫爬叶尖,
吐丝下坠借风散,茎上入侵把孔钻。

【防　治】

综合防治效果显,水稻三化螟参看。

台湾稻螟

【诊　断】

昆虫分类要记牢,鳞翅目的螟蛾科。
寄主植物有好多,高粱玉米和水稻。
叶鞘叶芽幼虫入,鞘内取食叶鞘枯,
蛀入茎内枯穗白,转秧为害习性特。
成虫趋光又趋绿,浓绿苗上喜卵生。

【防　治】

综合防治效果好,水稻二化螟参照。

稻切叶螟

【诊　断】

昆虫分类要记牢,鳞翅目的螟蛾科。
寄主植物有好多,甘蔗楠竹和水稻。
幼虫吐丝结虫苞,为害稻叶成缺刻,
严重能把叶吃光,稻苗呈现刀切状,
成虫善飞强趋光,卵产嫩叶中脉旁。
初孵幼虫潜心叶,三龄吐丝缀叶害。

【防　治】

综合防治很重要,稻纵卷叶螟参照。

稻筒水螟

【诊　断】

昆虫分类要记牢,鳞翅目的螟蛾科。
寄主植物有好多,水生杂草和水稻。
该虫还有两种名,稻筒白螟稻筒螟。
生活习性要记准,幼虫生活在水中。
害叶咬成碎片样,吐丝连缀成筒状。
隐居筒中害叶片,导致叶筒浮水面。
成虫头胸腹部白,生有斑点显黑色。

【防　治】

加强稻田苗期检,发现有虫水排完,
敌百虫粉细土拌,配制药土撒田间。

表 1-34　防治稻筒水螟使用药剂

通用名称(商品名称)	剂　型	使用方法
敌百虫	2.5%粉剂	每 667 米^2 用 3 千克药土 (1∶1 比例混合)撒施田间

稻　水　螟

【诊　断】

昆虫分类要记牢,鳞翅目的螟蛾科。
该虫别名好多种,稻水野螟稻筒螟。
寄主植物有好多,看麦娘草和水稻。
幼虫为害叶先卷,曲成筒状浮水面,
隐居其中害叶片,诊断时候仔细看。
成虫头胸黄白颜,腹部颜色黄色浅。
腹节末端褐鳞片,这个特点记心间。

【防　治】

田间设置杀虫灯,诱杀成虫压虫口。
抓住关键检虫害,发现害虫把水排,
水口滤虫防外传,及时喷药为害减。
敌百虫粉撒田间,杀灭害虫保丰产。

表 1-35　防治稻水螟使用药剂

通用名称(商品名称)	剂　型	使用方法
敌百虫	2.5%粉剂	每 667 米^2 喷撒 2 千克

稻金翅夜蛾

【诊　断】

昆虫分类要记牢,鳞翅目的夜蛾科。

寄主植物有好多,小麦水稻和稗草。

幼虫为害症状特,食害叶片成缺刻。

秧苗分蘖时期诊,一代幼虫为害重。

【防　治】

预测预报首当先,冬前冬后查麦田,

越冬幼虫查准确,及时发现虫情报。

冬前早春压麦田,杀死幼虫减虫源。

幼虫盛期农药控,敌敌畏或敌百虫。

表 1-36　防治稻金翅夜蛾使用药剂

通用名称(商品名称)	剂　型	使用方法
敌百虫	2.5%粉剂	每 667 米^2 喷撒 2~2.5 千克
敌敌畏	50%乳油	幼虫盛期 1500 倍液喷雾

稻　巢　螟

【诊　断】

昆虫分类须记牢,鳞翅目的螟蛾科。

幼虫为害有特点,叶片中上吐丝连,

叶屑粪粒筒状巢,巢内取食叶肉耗,

受害之处斑白枯,随后携巢移基部,

四周叶片或嫩茎,咬断拖入巢内中,

食后剩余推巢外,稻株出现枯黄叶。

成虫白天稻丛潜,夜间活动把卵产。

【防　治】

综合防治效果显,直纹稻弄蝶参看。

直纹稻弄蝶

【诊　断】

昆虫分类要记牢,鳞翅目的弄蝶科。

该虫还有其他名,稻弄蝶和稻苞虫。

寄主植物有好多,玉米高粱谷和稻。

幼虫孵后爬叶片,爬至叶缘和叶尖,

吐丝能把叶缀合,做成圆筒纵卷苞。

成虫昼伏出夜晚,清晨羽化卵散产。

【防　治】

幼虫结苞不活泼,人工采苞为害少。

维护稻田生态衡,保护利用寄生蜂。

必要时候农药喷,辛硫磷和吡虫啉,

相互轮换伏虫隆,间隔十天二次用。

表 1-37　防治直纹稻弄蝶使用药剂

通用名称(商品名称)	剂　型	使用方法
辛硫磷	50%乳油	1500 倍液喷雾
吡虫啉	10%可湿性粉剂	1500 倍液喷雾
伏虫隆(农梦特)	5%乳油	1500 倍液喷雾

稻　瘿　蚊

【诊　断】

昆虫分类要记牢,双翅目的瘿蚊科。

该虫南方多常见,每年向北在蔓延。

幼虫为害苗不长,吸取汁液耗营养。

生长点害心叶停,叶鞘伸长显中空①。

形似葱管向外伸,这个特征要记准。

秧苗幼穗生幼虫,严重时候穗不抽。

成虫浅红形似蚊,幼虫蛆状纺锤形。

不耐干旱喜潮湿,单双稻混危害多。

【防　治】

综合防治效果好,多种措施相配套。

抓住主动是关键,预测预报要超前。

稻田四边杂草铲,一代越冬虫源减。

育好稻秧选好点,排灌方便远稻田,

药剂拌种能防虫,种衣剂药氟虫腈。

早晚稻区不相混,早稻早播晚迟种。

喷药预防走在前,主害虫代是重点②。

双甲威或毒死蜱,相互轮换吡虫啉,

药量水量要算准,科学配对适时喷。

表 1-38　防治稻瘿蚊使用药剂

通用名称(商品名称)	剂　型	使用方法
毒死蜱	14％颗粒剂	每 667 米² 撒施 2 千克保持浅水层
吡虫啉	5％悬浮剂	每 667 米² 用药 70 克对水 100 升喷雾
双甲威(叶飞散)	25％乳油	每 667 米² 用药 100～150 毫升对水 100 升喷雾
氟虫腈	5％种衣剂	每千克种子混拌 25 毫升药剂

①生长点受害后心叶停滞生长,但随着叶鞘伸长,叶鞘中间显得很空。

②主要为害的害虫代数是防治的重点。

稻绿蝽

【诊 断】

昆虫分类要记牢,属半翅目的蝽科。
寄主植物有好多,甘蓝豆类和水稻。
成若虫态均为害,刺吸汁液株早衰,
生长发育受影响,造成水稻产量降。
成虫趋光又趋嫩,若成虫有假死性。
土缝杂草灌木丛,成虫隐藏能越冬。

【防 治】

田园杂草冬季铲,越冬成虫数量减。
田间诱引杀害虫,推广使用杀虫灯。
为害盛期农药喷,毒死蜱或吡虫啉。
乙酰甲胺磷换用,适时喷雾害虫控。

表 1-39　防治稻绿蝽使用药剂

通用名称(商品名称)	剂　型	使用方法
毒死蜱	48%乳油	低龄若虫期 1000 倍液喷雾
吡虫啉	10%可湿性粉剂	低龄若虫期 1500 倍液喷雾
乙酰甲胺磷	40%乳油	低龄若虫期 600 倍液喷雾

黑尾叶蝉

【诊 断】

昆虫分类要记牢,同翅目的叶蝉科。
寄主植物有好多,小麦大麦和水稻。
黑尾叶蝉很特别,取食产卵伤茎叶,

输导组织遭破坏,消耗营养株早衰,
伤处棕褐条斑显,植株发黄枯死干。
塘边河边绿肥边,成虫隐藏越来年。
成虫卵产鞘边缘,若虫喜栖株下面。
生活习性要弄清,少雨年份易发生。

【防　治】

抗虫品种首先选,保护天敌很关键。
田间为害常调研,喷药时期科学选。
双甲威或稻丰散,吡虫啉或杀虫单,
药量水量准确算,科学喷雾效果显。

表 1-40　防治黑尾叶蝉使用药剂

通用名称(商品名称)	剂　型	使用方法
双甲威	25％乳油	每 667 米^2 用药 100～150 毫升对水 100 升喷雾
吡虫啉	10％可湿性粉剂	2500 倍液喷雾
杀虫单	90％原粉剂	每 667 米^2 用药 50～60 克对水 50 升喷雾
稻丰散	50％乳油	1000 倍液喷雾

电光叶蝉

【诊　断】

昆虫分类要记牢,同翅目的叶蝉科。
寄主植物有好多,玉米高粱和水稻。
成若虫态均为害,叶片叶鞘吸汁液。
受害植株发育缓,造成叶片发黄变。
稻矮缩病可播传,诊断时候仔细看。

综合防治效果显,黑尾叶蝉可参见。

白翅叶蝉

【诊　断】

昆虫分类要记牢,同翅目的叶蝉科。
寄主植物有好多,小麦油菜玉米稻。
成若虫态都为害,刺吸叶片营养液。
叶片初现小白点,随后连成大条斑,
白色条斑后变褐,影响发育粒量少。
成虫善飞很活泼,受到惊扰横行躲。
趋绿趋光能力强,多在白天把卵产。

【防　治】

早晚稻田拔秧前,及时喷药虫口减。
综合防治效果显,黑尾叶蝉可参看。

小绿叶蝉

【诊　断】

昆虫分类要记牢,同翅目的叶蝉科。
寄主植物有好多,桃杏李苹和水稻。
成若虫态均为害,吸取汁液害稻叶,
初现黄白色斑点,逐渐扩大连成片,
严重全叶变苍白,产量大减株早衰。
成虫善跳借风散,阴雨天气虫口减。

【防　治】

落叶杂草清除完,越冬虫源可大减。

若虫孵化盛期检，及时喷药防扩散，

速灭威或蝉虱净，叶蝉散药好效应。

药量水量科学算，及时喷雾保丰产。

表 1-41 防治小绿叶蝉使用药剂

通用名称（商品名称）	剂 型	使用方法
速灭威	25％可湿性粉剂	若虫孵化盛期 800 倍液喷雾
噻嗪·异丙威（蝉虱净）	25％乳油	每 667 米^2 用药 120 毫升对水 60 升喷雾
叶蝉散（灭扑威）	20％乳油	800 倍液喷雾

稻简管蓟马

【诊　断】

昆虫分类要记牢，缨翅目的蓟马科。

寄主植物有好多，小麦高粱和水稻。

成若虫态均为害，幼嫩部位吸汁液，

叶上出现白斑点，产生水渍状黄斑。

严重内叶不能展，嫩梢干缩籽粒干。

成虫活泼受惊飞，阳光盛时多隐蔽。

黄昏阴天多外出，掌握习性查虫株。

【防　治】

田边杂草多清除，减少越冬虫基数。

为害高峰药选准，科学配对喷均匀。

赛锐乳油吡虫啉，吡丁乳油或吡辛。

药量水量准确算，相互轮换抗性免。

表 1-42　防治稻筒管蓟马使用药剂

通用名称(商品名称)	剂 型	使用方法
吡辛	25%乳油	2500 倍液喷雾
吡·毒死蜱(赛锐)	22%乳油	2500 倍液喷雾
吡·丁	5%乳油	1500 倍液喷雾
吡虫啉	10%可湿性粉剂	2500 倍液喷雾

稻直鬃蓟马(稻蓟马)

【诊　断】

昆虫分类要记牢,缨翅目的蓟马科。
为害植物有好多,大麦小麦玉米稻。
成若虫态均为害,锉破叶面吸汁液,
受害叶片黄白斑,叶尖两翼向内卷。
分蘖初害不长苗,发根缓慢分蘖少,
严重成团枯死掉,秧田成片似火烧。
穗期受害在穗苞,扬花时期入颖壳。
破坏花器壳瘪空,掌握特点好防控。

【防　治】

田边沟旁杂草铲,减少越冬害虫源。
配方施肥不偏氮,促进秧田株体健。
药剂防治策略讲,巧抓大田狠抓秧,
主防若虫成虫兼,拌种喷雾两齐全。
吡虫啉或氟虫腈,轮换使用好效应。

表 1-43　防治稻直鬃蓟马使用药剂

通用名称(商品名称)	剂　型	使用方法
氟虫腈	5％胶悬剂	1500 倍液喷雾
吡虫啉	10％可湿性粉剂	每 667 米² 用 20～25 克 与一定量的细沙混匀,再与 5 千克种子搅拌均匀撒施

禾蓟马

【诊　断】

昆虫分类要记牢,缨翅目的蓟马科。
寄主植物有好多,麦类高粱糜和稻。
为害特点很特别,植物心叶活动害。
食害伸展叶片时,多在叶片正面食。
叶片呈现银灰斑,消耗营养株不健。

【防　治】

苗期淘汰有虫株,带出田外把肥沤。
化学防治药选准,赛锐乳油吡虫啉。
药量水量准确算,配对时候莫错乱。

表 1-44　防治禾蓟马使用药剂

通用名称(商品名称)	剂　型	使用方法
吡·毒死蜱(赛锐)	22％乳油	为害盛期 2500 倍液喷雾
吡虫啉	10％可湿性粉剂	为害盛期 2500 倍液喷雾

稻白粉虱

【诊　断】

昆虫分类要记牢,同翅目的粉虱科。

水稻作物新害虫,湖南稻田常发生。
成若虫态均为害,口针插入吸汁液,
导致稻叶色变黑,枯萎霉烂显烟煤,
严重叶片功能丧,影响光合产量降。
稻田水深杂草多,偏施氮肥植株茂,
湿度高而风不通,孕穗灌浆受害重。

【防　治】

农业防治是基础,田边杂草清除完。
落谷苗子及深翻,消灭越冬害虫源。
合理密植不偏氮,加强管理不深灌。
压前控后制虫策,三至五代要狠治。
低龄若虫发生盛,化学防治药选准,
阿维菌素吡虫啉,轮换使用扑虱灵。

表 1-45　防治稻白粉虱使用药剂

通用名称(商品名称)	剂　型	使用方法
阿维菌素	1.8%乳油	若虫盛期 4000 倍液喷雾
吡虫啉	10%可湿性粉剂	若虫盛期 2500 倍液喷雾
扑虱灵	25%可湿性粉剂	若虫盛期 1000 倍液喷雾

稻象甲

【诊　断】

昆虫分类要记牢,鞘翅目的象甲科。
寄主植物有好多,油菜麦类玉米稻。
幼虫土中害稻根,导致稻根变黄枯。

成虫为害有特征,咬食近水心叶中[1]。
受害叶片长出看,一行小孔横排显。
遇风折断浮水面,记住特征好诊断。
成虫假死又趋光,早晚活动白天藏。
幼虫喜聚害嫩根,沙田旱田受害重。
春暖多雨利化蛹,分蘖多雨利成虫。

【防　治】

防治原则要弄懂,防治幼虫治成虫。
合理耕作多提倡,越冬成虫重点防,
沟渠道路和田埂,越冬场所及时清。
晚稻收后要翻田,虫源消灭越冬前。
糖醋液体和草把,诱杀成虫好办法。
发现幼虫害稻根,排水露田及中耕。
改变环境幼虫控,减少为害有作用。
晚稻防治是重点,喷药要在产卵前。
晚稻栽后三五天,氟虫腈药喷稻田,
醚菌酯或辛唑磷,相互轮换细喷淋。

表 1-46　防治稻象甲使用药剂

通用名称(商品名称)	剂　型	使用方法
氟虫腈	5%悬浮剂	1500 倍液喷雾
醚菌酯	10%乳油	1000～1500 倍液喷雾
辛·唑磷	20%乳油	1500 倍液喷雾

[1]成虫为害的特征是咬食离水面近的心叶。

稻水象甲

【诊　断】

昆虫分类要记牢,鞘翅目的象甲科。

寄主植物有好多,大麦小麦玉米稻。

成虫常把叶片害,幼虫能把根破坏,

造成孔洞显根部,导致植株黄萎枯。

成虫黄昏爬叶尖,水下植物内产卵,

老熟幼虫根际间,化蛹营造卵土茧,

运送稻草传播远,借水飞翔能蔓延。

【防　治】

防治成虫讲策略,挑一狠治越冬代[①]。

早稻育秧移栽前,选好药剂撒田间。

本田一代成虫防,趋光飞翔能力强,

乙氰菊酯稻丰散,抓住时期喷田间,

醚菌酯或辛唑磷,科学配对细喷淋。

表 1-47　防治稻水象甲使用药剂

通用名称(商品名称)	剂　型	使用方法
乙氰菊酯	2%散粒剂	每 667 米^{2}1 千克与细土拌均匀撒施
醚菌酯	10%悬浮剂	1500 倍液喷雾
辛·唑磷	20%乳油	1500 倍液喷雾

①挑治一代成虫,狠治越冬代虫。

长腿水叶甲

【诊　断】

昆虫分类要记下,鞘翅目的负泥甲,
该虫名称有几种,稻食根虫饭米虫。
幼虫常把须根害,成虫为害取食叶,
植株矮小黄瘦变,受害须根渐腐烂。
水田土下藕节间,幼虫越冬到来年,
成虫体色绿褐颜,基色淡棕光泽显,
头部铜绿到紫黑,前胸背板呈铜绿,
鞘翅底色呈棕黄,仔细观看带绿光。

【防　治】

藕田积水冬排完,越冬虫口数量减。
水旱轮作环境变,收获以后清田间。
翻地杂草泥中压,耕耙时候石灰散。
诱集成虫眼子菜,产卵以后烧毁埋。
初期耕层施农药,辛硫磷药效果好。

表 1-48　防治长腿水叶甲使用药剂

通用名称(商品名称)	剂　型	使用方法
辛硫磷	50%乳油	每 667 米² 用药 160 毫升对水 1.5 千克稀释后均匀喷在 30 千克细土上,在傍晚撒在放净水的田中,翌天放水润田
	3%颗粒剂	每 667 米² 用药 3 千克于傍晚撒于田中

鳃 蚯 蚓

【诊　断】

昆虫分类记心上,环形动物贫毛纲。

该虫别名好多种,红砂虫和鼓泥虫。

寄主植物有好多,各种蔬菜和水稻。

该虫害稻有区别,秧苗直接不为害。

身体鳃部泥中翻,常把种子翻土下,

种不发芽幼苗倒,缺苗断垄苗难保。

成虫红至红褐色,遇有惊扰土中缩。

【防　治】

水旱轮作茬口倒,改变环境为害少。

化学防治药选准,辛硫磷或敌百虫,

敌敌畏或生石灰,适时适量科学对。

表 1-49　防治鳃蚯蚓使用药剂

通用名称(商品名称)	剂　型	使用方法
辛硫磷	50%乳油	每 667 米² 药 50 毫升对少量水再拌细土 30 千克撒施
敌百虫	90%可溶性粉剂	1500 倍液喷雾
敌敌畏	80%乳油	每 667 米² 用药 100 毫升对水 60 升喷雾
生石灰	95%粉剂	每 667 米² 用生石灰 50 千克撒施

福寿螺

【诊　断】

昆虫分类要记牢,属于大型水生螺。

寄主植物有好多,刁白菱角和水稻。

新型有害稻田虫,啮食水稻幼嫩部,

插秧以后晒田前,水稻分蘖被咬剪,

导致有效穗子减,放松防治损失惨。

【防　治】

秧田扎根后放鸭,啄食害虫好办法。

化学防治好药选,四聚乙醛杀螺胺。

药量沙量准确算,科学用药防效显。

表 1-50　防治福寿螺使用药剂

通用名称(商品名称)	剂　型	使用方法
四聚乙醛	6%杀螺颗粒剂	每 667 米^2 施药 0.5～0.7 千克,拌细沙 5～10 千克撒施,施药后保持 3～4 厘米水层 3～5 天
杀螺胺	70%可湿性粉剂	每 667 米^2 用药 25～35 克拌细沙撒施,用药后保持 30 厘米水层,2 天内不再排灌

二、小麦病虫害诊断与防治

小麦锈病

【诊　断】

条叶秆锈三类型,掌握特征能辨清。
群众统称黄疸病,有时也称黄筋型。
三类锈病共同点,侵染叶片或茎秆,
上面产生铁锈状,病斑大小不一样。
条锈斑小色鲜黄,形状呈现椭圆长,
排列整齐呈虚线,这个特点记心间。
叶锈斑色橘红显,中等大小形状圆,
不规排列呈乱散,诊断时候仔细看。
秆锈侵染褐色斑,相对较大长椭圆,
直至长方形状变,排列不规成散乱。
辨别时候抓关键,倾听群众好农言,
条锈成线叶锈乱,秆锈是个大褐斑。
秆锈叶锈单斑检,有时混淆易误断,
秆锈病斑穿叶片,同一染点两面显,
叶片正反均显斑,叶背孢子大叶面。
叶锈病斑叶正面,偶尔也能呈透穿,
幼苗染锈不一般,条锈叶锈分辨难。
苗期条锈不成线,常与叶锈斑混乱,
分辨常看侵染点,条锈夏孢一点染,
逐渐四周呈扩散,每天孢子生一圈,

四周孢子依次散,最外一圈褪绿环,
中心至外依次展,这个特点注意辨。
叶锈密集若连片,常由多点同时染,
条锈并无此特点,必要时候搞镜检。

【防　治】

抗病品种首当先,合理布局很关键。
预测预报不可少,掌握规律也重要。
菌源基地防秋苗,药剂拌种也有效。
锈病流行速度快,打点保面要抓早。
菌源地域压麦田,综合治理减菌源。
秋苗锈病常发区,小麦种子须包衣。
化学防治最重要,拌种喷雾不可少。
播种以前要拌种,三唑酮剂好作用。
药量种量计算准,胡乱拌种药害生。
干拌害轻湿拌重,乳油拌种要小心,
发生药害少出苗,超过剂量株矮小。
喷雾农药数量多,三唑酮或丙环唑,
腈菌唑或咪鲜胺,间隔十天防三遍。

表 2-1　防治小麦锈病使用药剂

通用名称(商品名称)	剂　型	使用方法
三唑酮	25%浮油	2500 倍液喷雾,或按每 10 千克种子拌 3～5 克有效成分的药剂拌种
丙环唑	25%乳油	1000～1500 倍液喷雾
腈菌唑	12.5%乳油	2000～2500 倍液喷雾
咪鲜胺	45%乳油	1500～2000 倍液于病害发生前或发病初喷雾

小麦腥黑穗病

【诊　断】

幼苗时期病菌染,抽穗之后病出现。
病株稍矮但较健,病穗短直色绿暗,
最后发生灰白变,颖片外张病粒显。
病粒稍好短而圆,成熟之后灰褐颜,
外被灰褐色薄膜,里面充满黑粉末,
鱼腥臭味鼻中串,通常全穗把病感,
也有半穗受侵染,部分小穗受害惨。

【防　治】

建立无病留种田,防治此病是关键。
药剂拌种选好药,咯菌腈或腈菌唑。
土壤处理配合到,五氯硝基苯毒消。
抗病品种应选好,农业措施要记牢。
冬麦晚播春麦早,整地保墒精细播。
播种不宜太过深,覆土适宜病少生。

表 2-2　防治小麦腥黑穗病使用药剂

通用名称(商品名称)	剂　型	使用方法
咯菌腈	2.5%悬浮种衣剂	每100千克小麦种子用100～200毫升拌种
腈菌唑	25%乳油	每50千克种子用药20～30毫升对水1～2升拌种
五氯硝基苯	40%粉剂	每667米^{2}用450克拌细土20～30克制成药土在发病初期洒于根部

小麦散黑穗病

【诊　断】

麦穗发病率最高,病株抽穗比较早,
全穗出现黑粉团,灰白薄膜包穗面。
病穗完全抽出后,薄膜破裂黑粉散,
只留穗轴裸外边,这个特点细查看。
病穗少数能结粒,一般发病穗全黑。

【防　治】

变温浸种是关键,方法一定记心间。
冷水预浸五小时,50℃水温浸一分①,
立即捞出再浸种,54℃水泡十分钟,
捞出晾干再播种,抑制病原效果显。
建立无病留种田,病穗集中烧毁完。
化学防治药选准,多菌灵和萎锈灵。

表 2-3　防治小麦散黑穗病使用药剂

通用名称(商品名称)	剂　型	使用方法
萎锈灵	50%乳油	800 倍液喷雾
多菌灵	50%可湿性粉剂	600～800 倍液喷雾

小麦秆黑粉病

【诊　断】

俗称黑秆和黑疸,全国发病较普遍。
主害秆鞘及叶片,疱状病斑随后产,

---

①先用冷水浸 5 小时,然后再用 50℃温水浸泡 1 分钟。

斑色银灰长条状,黑粉常把斑充满。

幼苗开始就发病,拔节以后显病症。

生长抑制矮小弱,状似捻曲分蘖多,

多数无穗早枯干,即使抽穗存活难。

【防　治】

抗病品种仔细选,药剂拌种是关键。

五氯硝基福美双,咯菌腈剂促生长。

整地保墒精细播,施足基肥生长好。

表 2-4　防治小麦秆黑粉病使用药剂

通用名称(商品名称)	剂　型	使用方法
五氯硝基苯	40%粉剂	每 100 千克种子用药 0.5 千克拌种
福美双	50%可湿性粉剂	每 100 千克种子用药 0.5 千克拌种
咯菌腈	10%悬浮种衣剂	每 100 千克种子用种衣剂 25~50 毫升拌种

小麦红矮病

【诊　断】

红矮病害别名多,红病刚茬和丛波。

小麦如若把病感,矮化褪色先表现。

冬麦秋苗多感病,当年症状不明显,

仅在基部和叶尖,出现紫褐色斑点。

翌年返青拔节间,症状明显能看见,

植株矮化停生长,颜色绿色呈深褐,

叶面出现驳斑线,色调不匀杂而乱,

叶尖叶缘始红变,渐向基部再扩展。
全叶叶鞘变红紫,接着叶鞘呈松弛,
叶片变厚且稍宽,挺然直立光叶面,
后期黄化枯死完,诊断时候细分辨。
感病越早病越重,心叶卷缩状似针,
感病稍轻能拔节,但是节间已短缩。

【防　治】

抗病品种若选好,防治此病最有效。
药剂防治抓重点,杀灭叶蝉很关键。
敌敌畏或辛硫磷,另外还有吡虫啉,
掌握浓度互轮换,间隔十天喷三遍。

表 2-5　防治小麦红矮病使用药剂

通用名称(商品名称)	剂　型	使用方法
敌敌畏	80%乳油	1200～1500 倍液喷雾
辛硫磷	40%乳油	1000～1500 倍液于害虫初发期均匀喷雾
吡虫啉	10%可湿性粉剂	3000～4000 倍液均匀喷雾

小麦黄矮病

【诊　断】

幼苗成株均感染,掌握规律好诊断。
蘖少矮化弱生长,叶片颜色呈枯黄,
耐寒能力易下降,植株特别易死亡。
冬前病状不易见,返青拔节以后看。
大田发病最明显,叶片发病先叶尖,

渐沿叶缘再扩展，部分叶片黄化变，

病健交界生条纹，条纹颜色黄绿间。

病初叶脉绿色鲜，后期发生枯黄变，

病株矮化抽穗难，穗期发病旗叶片，

旗下二叶把病感，矮化萎缩不显眼。

【防　治】

抗病耐病品种选，种子处理记心间。

防治蚜虫首当先，减少毒源是关键。

敌敌畏或啶虫脒，溴氰菊酯吡虫啉，

以上药剂互轮换，间隔十天喷三遍。

表 2-6　防治小麦黄矮病使用药剂

通用名称(商品名称)	剂　型	使用方法
敌敌畏	80%乳油	1200～1500 倍液喷雾
啶虫脒	3%乳油	2000～2500 倍液于害虫初发期均匀喷雾
溴氰菊酯	5%可湿性粉剂	4000～5000 倍液于害虫初发期均匀喷雾
吡虫啉	10%可湿性粉剂	3000～4000 倍液均匀喷雾

小麦全蚀病

【诊　断】

小麦全蚀很典型，又叫立枯根腐病。

病菌寄生有特点，根部叶鞘茎基间。

地上症状地下生，病感根部是主因。

苗期分蘖前后看，基部老叶呈黄变，

好似缺肥缺水样,病苗稀弱分蘖减。
种根大多黑朽变,导致返青很缓慢。
拔节抽穗黄叶片,长相高低呈相间。
种根次根地下茎,多数变成灰黑型;
灌浆成熟期叶片,自下向上早枯变,
旗叶高温生萎蔫,穗而不实瘦粒产,
病株直立不倒伏,重者成片全死枯。
青枯不倒呈直立,穗部逐渐显发白。
根部腐朽易拔起,叶鞘特别易剥离,
早枯病株仔细检,茎基变黑很明显,
俗语称作黑膏药,这一症状应记牢。
根腐立枯和秆枯,以此为症作区分。

【防　治】

轮作倒茬把病减,抗病耐病品种选。
调运种子检疫严,深翻倒土灭菌源。

小麦根腐病

【诊　断】

根腐病害有别名,青死或者黑胚病。
苗期成株均感染,各个部位受害全。
种子带菌如严重,幼苗萌发很困难。
幼苗感病芽鞘看,黄褐或者黑色斑,
病斑梭形边缘显,中央褪色渐发展。
种根基部和根间,全都发生黑褐变,
患病组织坏死完,黑色霉物盖上边。
病苗子叶铺地上,下部叶片都变黄,
逐渐黄萎枯死亡,缺苗断垄减产量。

病茎不同部位看,黄褐深褐条斑产。

成株叶片把病感,两面出现梭褐斑,

随后扩大成椭圆,有时变长不规范,

颜色变为淡褐色,淡黑霉层生两面。

病斑相连大斑显,严重病叶枯死完。

叶鞘侵染显症状,云状斑块色褐黄。

穗部颖壳斑色褐,病斑形状不规则,

有时边缘较深色,湿时病斑黑霉生。

病株根系都腐烂,后期常常白穗产。

【防　治】

种子处理最关键,退菌特药把种拌。

精耕细作适期播,轮作倒茬好效果。

表 2-7　防治小麦根腐病使用药剂

通用名称(商品名称)	剂　型	使用方法
三福美(退菌特)	50%可湿性粉剂	每100千克种子用此药0.5千克拌种

小麦白粉病

【诊　断】

秋苗成株都侵染,危害秆鞘和叶片,

还有颖壳和麦芒,病部白霉成绒状,

白色粉末盖叶面,光合作用受影响,

养分水分耗大量,麦苗衰弱长不良。

熟期白霉变褐淡,其上散生黑粒点,

病株矮小叶黄变,不能抽穗或穗短。

【防　治】

抗病品种是重点，耕作倒茬减菌源，
播种密度应适宜，合理施肥增抗性。
药剂防治作辅助，三福美粉来喷雾。

表 2-8　防治小麦白粉病使用药剂

通用名称（商品名称）	剂　型	使用方法
三福美	50%可湿性粉剂	1000 倍液喷雾

小麦叶枯病

【诊　断】

主害叶鞘和叶片，也害穗部及茎秆。
叶斑圆形或卵圆，病斑颜色呈绿淡，
逐渐扩大互相连，形成黄褐不规斑。
空气潮湿水浸状，颜色随之成灰黄，
黑色小斑四扩散，有时黄斑条纹连。
乍看黄矮特别像，条纹边缘呈波浪，
病斑整叶贯穿完，能与黄矮区别辨。
严重病部水渍状，水渍长条左右展，
全叶发生枯白变，这个特点最明显。
病叶由下向上延，斑由叶鞘扩茎秆。
病叶有时很快黄，变薄下垂慢枯亡。
有的病叶斑很小，但是叶尖干枯掉。

【防　治】

抗病品种认真选，增施农肥土深翻。
药剂拌种防效高，重病区域喷农药。

穗前喷洒代森锌,甲硫湿粉多菌灵,

相互轮换喷两遍,用药抽穗扬花前。

表 2-9　防治小麦叶枯病使用药剂

通用名称(商品名称)	剂　型	使用方法
代森锌	80%可湿性粉剂	800～1000倍液喷雾
甲基硫菌灵	70%可湿性粉剂	800～1000倍液喷雾
多菌灵	50%可湿性粉剂	600～800倍液喷雾

小麦赤霉病

【诊　断】

赤霉世界流行病,多雨潮湿发生重。

病菌侵染各时段,抽穗扬花多侵染。

凋萎花药侵入点,侵入麦穗再扩展,

小穗穗轴危害显,黄褐病斑随后产。

秕黑颗粒病部现,籽粒发病皱缩干。

颜色紫红或苍白,有时籽粒出红霉。

染病穗粒品质差,用作种子不发芽。

寄主植物范围广,糜谷豆类和高粱。

赤霉病害南方多,北方干旱发生少。

【防　治】

抗病品种首先选,防控流行很关键。

喷药防治把好关,扬花喷药好时间。

小麦灌浆病发展,保护预防不可慢。

喷雾农药比较多,首选耐雨及高效。

多菌灵剂最常用,还有甲基硫菌灵,

多霉威粉咪鲜胺,科学配对互轮换。

表 2-10 防治小麦赤霉病使用药剂

通用名称(商品名称)	剂　型	使用方法
甲基硫菌灵	70%可湿性粉剂	800～1000 倍液喷雾
多菌灵	50%可湿性粉剂	600～800 倍液喷雾
多·霉威	50%可湿性粉剂	800～1000 倍液喷雾
咪鲜胺	25%水乳剂	500～1000 倍液在病害发生前或发生初期喷雾

小麦霜霉病

【诊　断】

霜霉病害有别名,小麦黄化萎缩病。

危害寄主有好多,主要侵染禾本科。

病株症状两类型,黄化萎缩和疯顶,

肥水良好多疯顶,土壤瘠薄萎缩症。

春麦蘖后冬麦青[①],田间开始出现病,

病株矮小叶色淡,心叶黄白呈细纤,

轻微条纹扭曲卷,认真观察细分辨。

病株拔节再查看,植株矮化更明显。

叶部颜色呈绿淡,黄白条纹很显眼,

顶部叶片长而宽,扭曲下弯是特点。

有的病株粗而短,叶片增厚矮畸变。

麦穗常包叶鞘端,不能抽出弓形弯。

基部小穗轴伸长,颖片似叶层散乱。

---

①春小麦分蘖后及冬小麦返青后。

病株蜡质层增厚,畸形穗子多不孕。

此病幼苗多侵染,延迟成熟重减产。

小麦霜霉有特点,孢子囊梗呈极短,

病斑霉层看不见,其他霜霉区别辨。

【防　治】

同科庄稼不连作,倒茬轮作好效果,

平整土地很重要,防止积水淹了苗。

清除杂草和病残,减少病菌侵染源。

化学药剂科学选,烯酰吗啉氟啶胺,

相互轮换抗性免,间隔十天喷两遍。

表 2-11　防治小麦霜霉病使用药剂

通用名称(商品名称)	剂　型	使用方法
烯酰吗啉	50%可湿性粉剂	3000～4000 倍液喷雾
氟啶胺	500 克/升悬浮剂	每 667 米^2 用药25～30 毫升,对水 30～45 升喷雾

小麦纹枯病

【诊　断】

纹枯病害有别名,又名立枯尖眼病。

染病各个生育段,危害严重产量减。

播后发芽病若染,芽鞘变褐芽枯烂。

秋苗返青病若感,叶鞘上面显病斑,

病斑症状有特点,边缘褐色灰中间。

叶片暗绿水渍状,随后逐渐水枯黄。

拔节以后再查看,基部叶鞘细诊断,

水渍椭圆病斑产,中部灰色褐边缘,
云纹状态病斑显,病斑纵裂茎秆烂。
梭形病斑出茎秆,逐渐扩大连成片,
主茎分蘖难抽穗,抽后穗子也枯白。

【防 治】

群体过大肥水多,长势良好湿度高,
密切观察多操劳,此类田块应防早。
抗病品种要选好,油豆花生互轮作。
控制密度减播量,增加田间风和光。
增施农肥改土壤,配方施肥要提倡。
化学防治不可少,拌种喷雾结合到。
拌种药剂须选准,三唑酮或三唑醇。
小麦拔节勤查看,病株喷药莫迟缓。
烯唑醇剂三唑酮,轮换喷雾好作用。
苗期感病要谨慎,成片感病重点喷。

表 2-12　防治小麦纹枯病使用药剂

通用名称(商品名称)	剂　型	使用方法
三唑酮	25%乳油	2500 倍液喷雾,或按每 10 千克种子拌 3～5 克有效成分的药剂
三唑醇	25%干拌种剂	每 100 千克种子用药 120～150 克拌种
烯唑醇	10%乳油	2000～2500 倍液喷雾

小麦丛矮病

【诊　断】

丛矮病害别名多,芦楂小蘖和坐坡。
田边地角属零星,严重时候大流行。
麦苗感病心叶看,黄白断续虚线产,
黄绿条纹后发展,叶片细瘦还稍短。
病初基部叶浓绿,后期叶色渐变淡,
老叶条纹消失完,后期新叶多扭卷。
典型病状看株高,株矮分蘖无限多,
冬前调查不可忘,病株越冬多死亡。
返青病株蘖续增,生长细弱矮丛生,
叶部病症仍可见,黄绿相间条纹显。
冬前早春病若感,拔节抽穗很困难。
拔节以后病若染,上部叶片条纹显,
植株虽然穗能抽,多数籽粒很秕瘦。

【防　治】

病毒病害须防早,灰飞虱虫来传播。
清除杂草在播前,精耕细作灭毒源。
连片种植免早播,同科作物不套作。
化学防治不可少,拌种喷雾方法好。
拌种农药要记准,辛硫磷或吡虫啉。
喷雾防治在苗后,均匀喷雾压虫口,
速灭威或氟虫腈,吡虫啉或扑虱灵,
啶虫脒粉好作用,防病重在先防虫。

表 2-13 防治小麦丛矮病使用药剂

通用名称(商品名称)	剂 型	使用方法
辛硫磷	50%乳油	150毫升对水3000毫升拌种50千克
吡虫啉	70%可湿性粉剂	30克对水700毫升拌种10千克
氟虫腈	5%悬浮剂	出苗后100倍液喷雾
速灭威	25%可湿性粉剂	每667米² 用药150克全田喷雾
噻嗪酮(扑虱灵)	25%可湿性粉剂	每667米² 用药20～30克全田喷雾
啶虫脒	5%可湿性粉剂	每667米² 用药15克全田喷雾

小麦土传花叶病毒病

【诊　断】

土传花叶病毒病,山东河南发生重。
冬前病毒若侵染,斑驳表现不明显。
翌春返青查田间,新叶症状渐出现,
条状斑块不规范,或窄或宽或长短,
深绿浅绿互相间,黄化花叶最直观,
有时条纹伸叶鞘,病株穗小籽粒少。
病土根茬伴病源,流水传播可蔓延,
种子昆虫不传播,诊断时候须记牢。

抗病品种首当先,豆类花生互轮换。
农家肥料须腐熟,病残植株快清除。
病重灌区小麦田,严禁浇水大漫灌。
提倡高垄高畦种,带菌灌水禁止用。
零星病区土灭菌,十五厘米土层深,
夏季高温扣棚闷,五六十度数分钟。

小麦梭条斑花叶病毒病

【诊　断】

梭条斑花叶病毒,陕川河南多分布。
湖北江浙也可有,轻者减产重绝收。
冬前染病症不现,春季返青才可见。
病株六叶后状显,褪绿条纹新叶产;
少数心叶扭曲变,条纹增加并扩散,
病斑生成条形斑,或窄或宽或长短。
形状好似梭子状,老病叶片渐枯黄。
病株萎缩分蘖少,病重植株矮化多。
病土根茬是病源,流水传播可蔓延,
种子昆虫不传播,诊断时候须记牢。

【防　治】

抗病品种首当先,轮作倒茬少病患。
冬麦播期适当晚,避开毒介免侵染。
增施农肥育壮苗,苗期抗病能力高。

小麦糜疯病

【诊 断】

糜疯病害有别名,又称条点花叶病。

危害寄主好多种,大小黑麦和糜谷。

幼苗感病叶子变,叶片变窄叶色淡,

叶下一边纵向卷,沿脉产生黄小点。

条点蔓延扩叶片,此症旗叶最明显。

病害发生有环境,糜子田间距离近,

距离愈近病愈重,距离愈远病愈轻。

该病主要病毒染,麦曲叶螨媒介传。

种子土壤不传播,诊断时候须记牢。

【防 治】

抗病品种首先选,合理布局病害减,

小麦糜子不见面,正茬糜田面积减。

防病关键防毒源,药剂喷洒曲叶螨,

炔螨特或哒螨灵,轮换使用好效应。

表 2-14　防治小麦糜疯病使用药剂

通用名称(商品名称)	剂　型	使用方法
炔螨特	73%乳油	2000～3000 倍液喷雾
哒螨灵	10%乳油	1000～1500 倍液喷雾

小麦条纹花叶病

【诊 断】

冬春麦区均发生,但是分布很零星。

染病植株若表现，丛生花叶是特点。
病初田间看叶片，失绿条纹显叶面，
病情如果再发展，黄绿条纹更明显，
叶片稍厚且直立，向外伸张呈纵卷。
苗期感病若严重，拔节抽穗均不行。
小麦病苗难越冬，返青以后枯株剩。
植株感病如果晚，新叶病状只出现，
病株矮化分蘖多，丛生状态须知道。
该病主要病毒染，条沙叶蝉媒介传。
种子土壤不传毒，田边草丛附近重。

【防　治】

防病首先要防虫，条沙叶蝉药剂喷。
勤查勤看拣卵茬，冬季麦田多镇压。
深翻灭茬清杂草，自生麦田清除掉。
药剂防治不可少，马拉硫磷氧乐果，
参看说明药对好，喷洒时候讲策略，
先喷外围后中间，叶蝉集中消灭完。

表 2-15　防治小麦条纹花叶病使用药剂

通用名称(商品名称)	剂　型	使用方法
氧化乐果	40%乳油	每 667 米^2 用药 100～120 毫升对水 45～60 升喷雾
马拉硫磷	40%乳油	每 667 米^2 用药 80～100 毫升对水 45～60 升喷雾

小麦蜜穗病

【诊　断】

蜜穗病害有起因,线虫为害常伴行。
病后新叶呈缩卷,不能抽穗茎秆弯。
细菌菌脓含病穗,蜂蜜黄胶颖片溢。
小麦成熟泌胶凝,蛋黄色胶小粒硬。
群众又称蛋黄病,部分小穗有虫瘿。

【防　治】

防病首先防线虫,方法得当病可控。
小麦线虫防治看,具体应用要照办。

小麦卷曲病

【诊　断】

卷曲病害若感染,症状表现拔节前。
苍白斑点黑叶片,中部黑粒深绿边,
斑点扩大呈椭圆,长条病斑有时连。
幼苗感病若严重,心叶扭曲枯黄症。
拔节抽穗时间段,叶片叶鞘病可感。
病染穗部表现卷,白色菌丝外绕缠。
旗叶紧包不能展,症状一定记心间。
卷曲病害有起因,线虫带菌苗入侵。
田边地埂多冰草,小麦植株感病多,
染病枯叶土中落,来年线虫再传播。

【防　治】

防病线虫防在先,病源传播途径断。

田边地埂冰草铲，减少越冬病菌源，
轮作倒茬环境变，农业防治效也显。
小麦线虫防治看，具体用药说明见。

小麦秆枯病

【诊　断】

北方麦区均发生，局部地区发生重。
感病麦苗生长缓，掌握特点细诊断。
叶鞘茎秆病多染，病初麦芽芽鞘看，
幼苗叶片芽鞘间，针尖大小黑块产，
叶和鞘内再蔓延，黑色粪物可出现，
中间呈白褐边缘，此状逐渐能发展。
成株以后再细看，病斑边缘新特点，
褐色云斑叶鞘显，灰黑粪物斑中间，
叶鞘还有茎秆间，白色菌丝逐渐显，
内外层间紧密粘，叶鞘损坏叶垂卷，
叶色先紫后枯黄，植株略矮难生长，
稍后菌丝灰黑变，突破叶鞘出黑点，
茎基病斑包一圈，茎秆易折缩而干。

【防　治】

农业防治应为先，轮作倒茬地深翻，
肥料腐熟菌不感，适时播种不过晚，
化学防治好药选，戊唑醇药把种拌，
己唑醇或腈菌唑，喷雾防治好效果。

表 2-16　防治小麦秆枯病使用药剂

通用名称(商品名称)	剂　型	使用方法
戊唑醇	2%干粉种衣剂	每 10 千克种子使用种衣剂 10～15 克
己唑醇	10%乳油	每 667 米² 用药 40 毫升对水 30～45 升喷雾
腈菌唑	40%可湿性粉剂	每 667 米² 用药 12 克对水 30～60 升喷雾

小麦颖枯病

【诊　断】

主害叶穗和叶鞘,发病症状须记牢。
基叶受害水浸斑,扩大黄褐形椭圆,
病斑周围有一圈,颜色淡黄呈晕环,
苍白颜色斑中间,黄褐小粒生上面。
茎秆发病有特点,近穗茎秆生病斑,
病斑颜色灰黑显,病斑绕茎转一圈。
颖壳感病始两端,灰褐颜色中间见,
褐色斑点产边缘,扩大颖壳黑褐完。
残株颖壳病菌伴,越冬来年侵染源,
风雨传播再侵染,雨多湿高能蔓延。

【防　治】

抗病品种首当先,适时早播病害减,
配方施肥多提倡,强健植株把病抗。
化学防治选好药,十三吗啉丙环唑,
多抗霉素高防效,交替轮换喷周到。

表 2-17　防治小麦颖枯病使用药剂

通用名称(商品名称)	剂　型	使用方法
十三吗啉	70%乳油	3000～4000 倍液于发病初期喷雾
丙环唑	25%乳油	1000～1500 倍液于发病初期喷雾
多抗霉素	10%可湿性粉剂	1000～1500 倍液于发病初期喷雾

小麦白秆病

【诊　断】

白秆病害春麦害,主要分布高寒带。
发病初期仔细看,沿着叶脉生病斑,
黄褐条斑叶脉延,叶基延伸到叶尖,
每叶条斑数几条,连合以后叶枯凋。
抽穗鞘茎把病感,似叶条斑可出现,
纵白扩展成条线,黄褐颜色深边缘,
随后叶鞘枯黄干,鞘包茎秆斑色变,
颜色灰白是特点,乳熟时期最明显。
种子带菌初染源,土壤带菌也可传。
气流传播再侵染,多雨低温能蔓延。

【防　治】

抗病品种注意选,感病品种面积减,
清除病残少病源,轮作倒茬环境变。
温烫浸种最常用,方法得当病能控。
化学防治药拌种,福美双或多菌灵。

表 2-18　防治小麦白秆病使用药剂

通用名称(商品名称)	剂　型	使用方法
福美双	50%可湿性粉剂	每 10 千克种子用药 20～30 克拌种
多菌灵	50%可湿性粉剂	每 200 克药剂加水 50 升拌种

小麦雪霉叶枯病

【诊　断】

雪霉叶枯另有名,雪腐叶枯是别称。
种子土壤和病残,带菌引起初侵染,
气流雨水菌能传,不断侵染可蔓延。
芽苗茎鞘叶和穗,各有症状与表现。

芽腐和苗枯

胚根芽鞘变腐烂,胚根少而根系短,
芽鞘上面出病斑,条形长圆黑褐变,
严重时候腐烂变,白色菌丝生表面。
病菌基部叶鞘看,褐死渐向叶基展,
整个叶片枯黄变,病苗衰弱生长缓。

基腐和鞘腐

拔节以后抽穗前,发病部位移上面,
病株基部叶鞘看,一二叶鞘褐腐烂,
死后枯黄深褐变,相连叶片病叶染,
上部叶鞘鞘腐感,鞘叶连处始发现,
随后叶基鞘中展,病鞘枯黄黄褐显,
变色部位边不显,湿高稀疏红霉产,

病染上部叶片鞘,旗叶下叶枯死掉。

叶　枯

叶片染病水浸显,扩展近圆椭圆斑,
发生叶缘呈半圆,叶间淡褐灰边缘,
浸润部分四周展,数层轮纹不明显,
砖红霉物病斑见,湿高病斑边缘看,
白色菌丝能出现,后期病叶多枯完。

穗　腐

少数小穗病能染,颖壳上面症状显,
出现水浸黑褐斑,红色霉层生上面,
小穗轴变褐腐烂,个别穗颖褐腐变,
染病籽粒皱缩变,淡白菌丝出表面。

【防　治】

抗病品种多推行,带菌种子坚决禁,
合理密植株强健,配方施肥不偏氮,
冬季浇足春少灌,大水漫灌要避免。
化学防治最重要,病初及时喷农药,
冬前返青两时段,药剂防治是关键,
苯菌灵或三唑酮,还有戊唑多菌灵。

表 2-19　防治小麦雪霉叶枯病使用药剂

通用名称(商品名称)	剂　型	使用方法
苯菌灵	50%可湿性粉剂	在冬前用 1500 倍液喷雾
三唑酮	25%乳油	在返青后用 2000 倍液喷雾
戊唑·多菌灵	30%悬乳剂	在返青后用 1500 倍液喷雾

小麦线虫病

【诊　断】

种子调运虫源传，禾本杂草也侵染。

小麦发芽即入侵，苗至成熟都显症。

真叶开展病症产，麦苗生长日益显，

苗叶强直还呈短，微带黄色略见乱，

植株矮缩分蘖多，叶鞘松弛叶皱缩。

拔节抽穗看茎秆，节位膝曲肿节间①，

旗叶皱缩畸曲卷，有时叶面出病斑，

褐色斑点显叶面，后期叶片黄枯变。

心叶卷缩穗难抽，穗颈轴颖扭曲弯。

颖片张开穗形松，病穗暗绿露虫瘿。

【防　治】

植物检疫应加强，带虫种子传播防。

检疫对象已确定，虫种瘦和坚决禁。

土壤处理应重视，硫线磷或灭线磷。

选好药剂适应用，使用方法看说明。

表 2-20　防治小麦线虫病使用药剂

通用名称(商品名称)	剂　型	使用方法
灭线磷	5%颗粒剂	播前每 667 米² 用 6～8 千克处理土壤
硫线磷	5%颗粒剂	播前每 667 米² 用 8～10 千克处理土壤

---

①茎秆节位像人膝关节一样弯曲，节间变肿。

小麦缺素症

【缺　氮】

叶色淡黄窄而小,植株矮小细而弱。
养分不足分蘖少,老叶干枯在顶梢。
茎秆有时紫色淡,粒重下降穗型短。
氮素缺乏色泽变,基部叶片枯黄显。

【缺　磷】

小麦缺磷仔细辨,叶片颜色首先看,
冬前返青看叶尖,叶尖颜色紫红显。
次生根少植株小,前期停长呈缩苗,
茎基部位颜色紫,抽穗成熟要推迟,
麦穗小而籽粒少,粒重降低籽不饱。
具体诊断分三节,抽穗拔节和分蘖。
分蘖时期看缺磷,三叶之时再辨认。
植株长相变瘦弱,分辨颜色很重要。
紫红色显叶上面,长势慢而分蘖少。
氮不缺而磷过缺,根系不长不分蘖;
麦田返青再诊断,叶片叶鞘紫红显;
拔节缺磷再查看,以上症状更明显。
下层叶片色黄浅,叶片边缘枯萎干。
根毛坏死根更烂,幼穗分化很困难;
抽穗开花磷缺乏,穗部生长发育差,
叶尖叶缘渐萎枯,主要表现在下部。
出现不孕不育花,部分小花有退化,
小穗粒数有减少,籽粒成熟多不饱。

【缺　钾】

前后症状不相同,细心观察认真辨。
初期叶片显蓝缘,叶质柔弱并曲卷,
随后老叶尖缘黄,呈现棕色枯死亡,
整个叶片烧焦样,区别缺氮缺磷状。
茎秆细弱而短小,后期成熟容易倒。

【缺　锌】

小麦植株若缺锌,叶片褪色生长停,
节间缩短叶失绿,植株矮化又丛生。

【缺　锰】

植株缺锰细分辨,叶片下垂柔而散,
新叶表现有特点,脉间失绿条纹斑,
颜色黄至黄绿显,绿色叶脉仍不变,
时有叶片绿色浅,黄色条纹逐渐变,
扩大以后出绿斑,焦枯叶尖便出现。

【缺　钼】

植株缺钼啥表现,叶片尖缘黄化显,
老叶叶尖首当先,逐渐发展到叶缘,
叶缘向内再扩散,先是斑点后成片。

【缺　硼】

小麦缺硼有别样,植株分蘖不正常,
严重时候抽穗难,抽穗开花却无产。

【缺　钙】

缺钙先看生长点,症状表现在先端,
死掉叶尖生长点,幼叶不易再开展,
幼苗死亡叶呈灰,长出叶子常失绿。

【缺 铜】

植株如果缺了铜，掌握特点再防控。
顶部叶色变浅绿，下部老叶多弯曲，
叶片失绿还变灰，严重时候枯死萎。

【缺 镁】

缺镁植株有别样，细心观察明症状。
叶缘部分易发黄，有时脉间部分黄；
老叶显现黄绿斑，出现枯腐在边缘。

【缺 铁】

植株如果缺了铁，叶片呈现黄绿色，
另有特点记心间，出现小型枯斑点，
幼小叶片再细看，缺绿条纹产脉间，
有时叶片白色显，老叶常常早枯干。

【缺 硫】

植株缺硫有症状，叶脉之间特别黄。
老叶绿色仍保持，植株矮小成熟迟。

【缺素原因】

缺氮原因有好多，基肥不足播种早，
土壤瘠薄氮素少，沙性土壤肥难保。
缺磷原因如若找，农肥量小基肥少。
红壤土壤土质沙，未耕生地易缺钾。
缺锌土壤有属性，中性微碱是原因。
植株缺锰也有因，石灰土壤质地轻，
土壤通透若良好，有机质物含量少。
缺钼土壤有属性，土壤中性石灰性，
沙性土壤质地轻，这些特征要记清。
土壤如果缺了硼，多属碱性石灰性。

腐殖质量若含多,常常表现锌缺少。

缺镁原因较复杂,土壤富钾钾肥大,

镁钾比值不相当,钾镁之间有拮抗。

再把缺铁原因找,石灰土壤通气好。

植株一生营养查,元素浓度有变化,

生育进程渐加强,磷钾浓度趋下降,

铁锰锌量趋上涨,锰铜钙钠较稳当。

肥料混用效率低,测土配方没有推。

农肥化肥不搭配,盲目配对无比例。

肥量模糊不科学,元素比例不合理。

【防　治】

土壤化验不可少,元素浓度需知道,

田间试验积极搞,"3414"最重要[①]。

中低产田多改造,缺啥补啥灵活好。

秸秆还田种绿肥,多养畜来肥多堆。

化学肥料效率快,尿素二铵和普钙,

购买时候要识别,防止上当莫受害。

微量元素若缺少,叶面喷肥效果好。

表 2-21　防治小麦缺素症使用肥料

通用名称(商品名称)	剂　型	使用方法
尿素	含氮 46%	叶面喷施 1.5%～2%的尿素水溶液 2～3 次
磷酸二氢钾	含磷 94%	叶面喷施 0.3%磷酸二氢钾水溶液
普钙	含磷 12%	叶面喷施 1%～2%普钙澄清液

①代表配方施肥试验中的 NPK3 个因素、4 个施肥水平、14 个处理。

通用名称(商品名称)	剂　型	使用方法
硫酸钾	含钾 50%～52%	叶面喷施 1%硫酸钾水溶液 2～3 次
硫酸锌	含锌 21.3%	叶面喷施 0.2%硫酸锌水溶液 2～3 次
硫酸锰	含锰 31%	叶面喷施 0.1%硫酸锰水溶液 2～3 次
无水硫酸铜	含铜 35%	叶面喷施 0.05%铜酸铜水溶液 1～2 次
硼砂	含硼 11%	叶面喷施 0.1%～0.2%硼砂水溶液 2～3 次

小麦吸浆虫

【诊　断】

该虫为害有两种,麦红麦黄吸浆虫。

吸浆虫害有特点,麦穗上面把卵产。

成虫畏光伏丛间,出外活动多早晚。

成虫不害幼虫害,幼虫吸食粒浆液。

土层结茧越冬夏,多年休眠是习性。

肥水条件如果好,利于羽化和存活。

该虫抗逆能力强,不适条件休眠长。

三四月份多雨量,抓好监测早预防。

【防　治】

抗虫品种要选准,颖壳坚硬口合紧。

作物布局须调整,麦豆模式可推行。

化学防治两关键,孕穗抽穗两时段。

孕穗时期第一关,配制毒土撒表面。

辛硫磷或毒死蜱,地表上面撒均匀。

抽穗开花第二关,防治成虫最关键。

乐果乳油杀螟松,溴氰菊酯辛硫磷。

成虫时期比较长,间隔三天两遍防。

表 2-22　防治小麦吸浆虫使用药剂

通用名称(商品名称)	剂　型	使用方法
辛硫磷	3%颗粒剂	每 667 米^2 用 2.5 千克撒地表,杀灭蛹和刚羽化在表土活动的成虫
毒死蜱(乐斯本)	5%颗粒剂	每 667 米^2 用 1.5 千克撒地表
乐果	40%乳油	1000 倍液在抽穗开花期喷雾防治成虫
杀螟松	50%乳油	1500 倍液在抽穗开花期喷雾防治成虫
溴氰菊酯	2.5%乳油	4000 倍液在抽穗开花期喷雾防治成虫

小麦蚜虫

【诊　断】

小麦蚜虫有两种,二叉长管优势群。

有翅无翅两形态,一年发生十多代。

成蚜若蚜直接害,叶茎嫩穗吸汁液。

长管蚜害有特点,植株上部叶正面,

抽穗灌浆数量增,随后穗部害集中。

苗期为害多二叉,中后为害株叶下。

为害特征较明显,被害部位成枯斑。

蚜虫为害很特别,病毒病是传媒介,
黄矮病害多传播,诊断时候需记牢。

【防　治】

抗虫品种应首选,合理布局很关键。
农业防治不可免,冬麦播期适当晚,
早春镇压并冬灌,措施齐全虫口减。
生态防治更重要,麦蚜天敌作用好,
瓢虫还有食蚜蝇,草蛉再加蚜茧蜂,
施药方法要恰当,保护天敌免伤亡。
化学防治抓时段,各个时段田间观,
二叉防治有时机,秋苗返青拔节期;
若要防好长管蚜,扬花末期时最佳。
化学农药不可少,选择时候看药效,
吡虫啉或氧乐果,啶虫脒药效果好。
选药若把天敌保,抗蚜威药最牢靠。

表 2-23　防治小麦蚜虫使用药剂

通用名称(商品名称)	剂　型	使用方法
吡虫啉	10%可湿性粉剂	每 667 米² 用药 20~30 克喷雾
氧化乐果	40%乳油	600~800 倍液喷雾
啶虫脒	3%乳油	2000~3000 倍液喷雾
抗蚜威(辟蚜雾)	50%可湿性粉剂	每 667 米² 用药 20~30 克全田喷雾

小麦条沙叶蝉

【诊　断】

该虫别名有好多,条斑叶蝉麦吃蚤。
植物病毒它传播,还能为害禾本科。
黑麦大麦和青稞,糜谷玉米和水稻,
燕麦高粱狗尾草,马唐雀麦等好多。
刺吸为害是特点,严重时候产量减。
成虫善跳能飞翔,短距迁飞还趋光。
干旱暖和卵多产,繁殖能力快扩展,
向阳干燥虫口多,抗寒能力亦不弱。
着卵物体有选择,不同季节各有异。
产卵如果在冬前,枯茬落叶着上面,
除此还有一特点,集中产卵不分散。
春夏期间若产卵,作物杂草活体见,
物体之上卵零散,集中卵块难发现。
二至三月温度高,越冬卵块孵化早,
三至六月雨量多,利于害虫生活好,
多雨低温受影响,过度干旱不利长,
七至十月多雨涝,秋季叶蝉虫口消,
十一月初雾盖地,叶蝉产卵多不利。

【防　治】

红矮病害它传播,防病防虫要抓早。
调查虫情搞测报,虫口密度多掌握。
勤查勤看拣卵茬,冬季麦田多镇压。
严防早播为害少,加强管理精耕作,
深翻灭茬清杂草,自生麦苗清除掉。

药剂防治不可少,马拉硫磷氧乐果,

参看说明药对好,喷洒时候讲策略,

先喷外围和中间,叶蝉集中消灭完。

表 2-24　防治小麦条沙叶蝉使用药剂

通用名称(商品名称)	剂　型	使用方法
氧化乐果	40%浮油	每 667 米^2 用 100～120 毫升喷雾
马拉硫磷	95%乳油	每 667 米^2 用 80～110 毫升喷雾

麦红蜘蛛

【诊　断】

麦红蜘蛛分两类,麦圆还有麦长腿。

冬春麦区都为害,发生环境有区别。

根际土缝把卵产,群居叶片正反面。

刺吸植株营养液,白色小点显麦叶,

轻者叶片苍白点,严重叶片枯黄变。

阴凉湿润适麦圆,川水低洼多虫源。

麦圆多是孤雌生,另有特点群体性,

天气寒冷结成团,大风大雨株下潜,

受惊很快坠地面,喜阴凉湿是特点,

为害早晨和傍晚,中午麦丛土缝钻。

长腿性喜早温暖,成灾源于春早暖。

孤雌生殖有两卵,滞育临时要分辨,

滞育卵块有特征,外包蜡质越夏冬,

临时卵块有特点,产后不久孵化完。

午后四时活动盛,风雨天气潜不动,

性喜温暖和干燥,旱山地块为害多。

【防　治】

轮作倒茬变环境,麦红蜘蛛为害轻。

潜伏时期要灌溉,死于沾泥不再害。

麦收以后浅耕茬,消灭卵块难越夏,

春季镇压和耙耱,中耕除草不可少。

防治指标若达到,控制为害急用药,

马拉硫磷哒螨灵,阿维菌素氧乐果,

石硫合剂也有效,参看说明好用药。

表 2-25　防治麦红蜘蛛使用药剂

通用名称(商品名称)	剂　型	使用方法
阿维菌素	1.8%浮油	虫口数量大时用 3000 倍液喷雾
氧化乐果	40%乳油	虫口数量大时用 1500 倍液喷雾
马拉硫磷	50%乳油	虫口数量大时用 1000 倍液雾
哒螨灵	20%可湿性粉剂	虫口数量大时用 1000 倍液喷雾
石硫合剂	45%晶体	80~100 倍液喷雾

小麦灰飞虱

【诊　断】

该虫国内广分布,禾本作物多寄主。

麦玉高粱和糜谷,田间传播多病毒。
三至四龄若虫态,地埂草下把冬越,
初冬早春晴无风,越冬若虫中午动,
性喜潮湿和荫蔽,植株密集多栖息,
遇有惊动绕茎转,有时假死习性见。
产卵寄主有好多,卵产下部叶片鞘。
发生规律要熟记,适应环境多记忆,
低温环境耐性强,高温时节便下降,
越冬温低不影响,夏季高温成虫亡。
若虫食料有选择,早稗大麦和小麦。

【防　治】

田间控制灰飞虱,长远考虑保天敌。
防病要早虫要小,地埂麦田消灭掉。
越冬防治不可少,初冬时间为最好,
麦田防虫抓春早,田间四周喷农药。
地埂反喷一米宽,讲究方法减虫源。
杀螟硫磷氧乐果,喹硫磷药也有效。

表 2-26　防治小麦灰飞虱使用药剂

通用名称(商品名称)	剂　型	使用方法
杀螟硫磷	40%乳油	每 667 米^2 用 80～110 毫升对水 60 升喷雾
氧化乐果	40%浮油	每 667 米^2 用 100～120 毫升对水 60 升喷雾
喹硫磷	25%乳油	每 667 米^2 用 100～120 毫升对水 60 升喷雾

麦茎谷蛾

【诊　断】

麦茎谷蛾有别名,俗称麦螟蛀茎虫。
山东江苏较普遍,甘肃各地零星见。
一年发生只一代,低龄幼虫藏心叶,
麦田心叶把冬越,返青以后始为害;
拔节出现枯心叶,抽穗蛀食穗基节,
造成白穗枯孕穗,幼虫为害能转移。
老熟幼虫有特点,旗叶叶鞘结薄茧。
成虫不食假死性,上午十时活动盛。
下午三时多藏潜,成虫潜伏选地点,
老树皮缝和草垛,还有墙缝和屋檐。
此类场所适越夏,秋季产卵于麦田。

【防　治】

生活习性多掌握,清除群集蔽场所,
发现成虫急灭掉,屋檐下面麻袋吊,
利用趋性来诱蛾,清晨发现快打落。
喷施农药要巧妙,抓住时机防效好。
幼虫出茎若转移,喷施农药好时机。
氯氰菊酯虫酰肼,相互轮换好效应。

表 2-27　防治麦茎谷蛾使用药剂

通用名称(商品名称)	剂　型	使用方法
氯氰菊酯	2.5%乳油	每 667 米^2 用 20～25 毫升 50 升喷雾
虫酰肼	20%悬浮剂	1500～2000 倍液喷雾

麦种蝇

【诊　断】

该虫为害好多省，新疆甘肃和内蒙，
山西陕西和宁青，为害程度各不同。
种蝇为害是幼虫，茎基受害是特征，
为害时候症状显，严重缺苗把垄断。
幼虫孵后在地面，有时也在茎叶片，
茎基钻孔茎内钻，蛀食心叶锯末产，
起初心叶青枯干，随后枯黄基部烂。
生活习性有区别，幼虫不能把冬越，
土中越冬均是卵，卵期长达二百天。
老熟幼虫入根际，钻入根际土壤中，
既不食来又不动，随后开始化成蛹。
小麦成熟羽化完，秋作杂草成虫迁。
成虫活动有时间，雨后晴天及早晚，
中午高温多栖息，不甚活动在隐蔽。
冬麦播前把卵产，表土粪肥是地点。
该虫发生有环境，趋向腐物是习性，
耕作时候施生粪，肥料露在表层中，
土湿低温天气阴，种蝇发生为害重。

【防　治】

麦田禁止施生粪，未熟农肥不急用，
种蝇天敌要记下，步行甲和隐翅甲，
保护天敌责任大，用药注意不灭杀。
化学防治不可少，合理用药最重要。
撒完农药再耕地，辛硫磷或毒死蜱。

田间喷药在春季,幼虫为害初期施。

吡虫啉或敌敌畏,还有甲基毒死蜱。

防治指标若达到,地表喷药效果好。

表 2-28 防治麦种蝇使用药剂

通用名称(商品名称)	剂 型	使用方法
辛硫磷	5%颗粒剂	在耕地时每 667 米² 撒施 8 千克
毒死蜱	15%颗粒剂	在耕地时每 667 米² 撒施 0.4~0.8 千克
吡虫啉	10%可湿性粉剂	1000 倍液对地表土壤喷雾
敌敌畏	80%乳油	1000 倍液对地表土壤喷雾
甲基毒死蜱	40%乳油	每 667 米² 用药 100 毫升对水 45 升地面喷雾

小麦潜叶蝇

该虫分类须记牢,双翅目的潜蝇科。

甘肃各地有发生,为害虫态属幼虫。

为害特点记心间,叶内叶鞘能入潜,

取食叶肉残留皮,出现隧道弯曲形,

严重隧道扩成片,最后叶片腐死干。

光合作用不正常,麦粒秕瘦减产量。

此虫一年生数代,春季产卵于麦叶。

成虫趋性有两点,趋光还能趋甜酸。

【防　治】

物理防治很重要,灯光糖醋诱虫好。

喷施农药有时间,成虫盛发最关键,

敌敌畏或虫螨蝇,乐果乳油吡虫啉。

辨别真伪药认准,严格剂量细喷匀。

表 2-29　防治小麦潜叶蝇使用药剂

通用名称(商品名称)	剂　型	使用方法
敌敌畏	80%乳油	敌敌畏乳油与乐果乳油
乐果	40%乳油	按 1∶1 混合后对水 1000 倍液防成虫
虫螨蝇	36%乳油	1000～1500 倍液喷雾杀卵
吡虫啉	10%可湿性粉剂	1000～1500 倍液喷雾杀卵

麦叶蜂

【诊　断】

该虫分布多个省,华北东北和华东。

麦叶蜂名是总称,具体名称分三种。

各个虫态若记准,诊断时候能分清。

幼虫为害症状特,咬食叶片成缺刻,

为害初期若不防,全部叶片能吃光。

一年发生只一代,蛹在土内越冬害。

叶背主脉把卵产,卵粒能够连一串。

幼虫具有假死性,忌干怕热喜冷湿。

潮湿麦田为害重,旱地麦田发生轻。

【防　治】

农业措施首当先,耕翻土壤在播前,
休眠幼虫往外翻,干扰化蛹晒死完。
化学防治不可少,成虫幼虫都用药。
溴氰菊酯氧乐果,防治成虫效果好。
三龄幼虫农药用,毒死蜱或敌百虫。
高氯菊酯来福灵,功夫乳油辛硫磷。
用药时机三龄前,提高防效又省钱。

表 2-30　防治麦叶蜂使用药剂

通用名称(商品名称)	剂　型	使用方法
溴氰菊酯	2.5%乳油	3000～4000 倍液喷雾
氧化乐果	40%乳油	与溴氰菊酯按 2∶1 的比例配成 1500 倍液喷雾杀灭成虫
高效氯氰菊酯(功夫)	4.5%乳油	每 667 米² 用 60 毫升对水 60 升喷雾防治幼虫
S-氰戊菊酯(来福灵)	5%乳油	每 667 米² 用 15 毫升喷雾防治三龄前幼虫
辛硫磷	50%乳油	1500 倍液喷雾防治三龄前幼虫
毒死蜱	40%乳油	每 667 米² 用 40 毫升对水 60 升喷雾防治三龄前幼虫
敌百虫	2.5%粉剂	每 667 米² 用 2 千克加细土 25 千克拌匀后顺垄撒施

麦秆蝇

【诊 断】

该虫分布好多省,黑龙江省及内蒙,

云南贵州和新疆,青海南部和西藏。

为害特征要记清,幼虫钻蛀入麦茎。

叶鞘节间蛀入点,初孵幼虫此处钻,

幼嫩心叶茎节基,有时从此下蛀食,

外显白穗或枯心,烂穗出现不结实。

茎秆变软叶片宽,适合成虫把卵产。

产卵孵化需湿高,成虫趋光要记牢。

【防 治】

耐虫品种要选好,合理密植适播早。

生育前期促生长,秆蝇为害也可防。

有的放矢策略讲,预测预报要加强。

防治指标若达到,控制蔓延急用药。

敌百虫粉或乐果,科学喷洒高防效。

成虫大量把卵产,喷药控制卵孵前。

吡虫啉或灭多威,轮换施用科学配。

表 2-31　防治麦秆蝇使用药剂

通用名称(商品名称)	剂 型	使用方法
敌百虫	2.5%粉剂	每 667 米² 用药 1.5 千克喷粉防治成虫
乐果	1.5%粉剂	每 667 米² 用药 1.5 千克喷粉防治成虫
吡虫啉	10%可湿性粉剂	1000～1500 倍液喷雾杀卵
灭多威	90%可湿性粉剂	4000～5000 倍液喷雾杀卵

乌翅麦茎蜂

该虫分布好多省,湖北河南陕甘青。
生活习性多掌握,诊断时候要记牢。
老熟幼虫根茎钻,近地表处茎咬断,
仅留表皮少相连,断面整齐是特点。
根茬当中造薄茧,颜色先白后褐变,
一年发生只一代,化茧以后越冬害。
成虫测报看槐花,洋槐花开多羽化,
此虫习性不趋光,成虫飞翔能力差。
幼虫越冬有深浅,出土早晚很相关。
深度增加出土晚,出土为害相应减。
温度湿度密关联,秋冬遇旱蛹缩干。

【防　治】

农业防治莫小看,平整农田搞基建,
带虫麦茬要深翻,虫口密度显著减。
轮作倒茬不可少,收集麦茬集中烧。
药剂防治抓关键,掌握时间是要点,
成虫高峰出现前,防治及时好药选。
敌百虫粉或乐果,科学喷撒高防效。
吡虫啉或灭多威,参看说明适对水。

表 2-32　防治乌翅麦茎蜂使用药剂

通用名称(商品名称)	剂　型	使用方法
敌百虫	2.5%粉剂	每 667 米^2 用药 1.5 千克喷粉防成虫
乐果	1.5%粉剂	每 667 米^2 用药 1.5 千克喷粉防成虫

通用名称(商品名称)	剂　型	使用方法
吡虫啉	10%可湿性粉剂	1000～1500 倍液喷雾杀卵
灭多威	90%可湿性粉剂	4000～5000 倍液喷雾杀卵

麦 水 蝇

麦水蝇虫另有称,大麦水蝇是别名。
华北华东均发生,陕川局部为害重。
为害寄主有好多,禾本作物及杂草。
叶片为害比较少,主害旗叶下叶鞘,
叶鞘内外表皮间,幼虫入内钻和窜,
不规潜道便出现,蛀食中间留皮面。
轻者粒瘦把产减,严重叶片早枯干。
成虫具有趋光性,夜间潜伏白天动。
川水地块为害重,旱山田间受害轻。
成虫产卵寄主选,叶嫩色深厚而宽,
大麦叶片卵多产,受害作物损失惨。

【防　治】

重害区域环境变,调整布局损失免,
适时早播为害轻,降低密度虫口减。
防治幼虫最关键,提高防效能省钱。
氧化乐果毒死蜱,吡虫啉或敌敌畏。
购买时候辨真伪,严格剂量水适对,
避免抗性药轮换,大发生时喷两遍。

表 2-33　防治麦水蝇使用药剂

通用名称(商品名称)	剂　型	使用方法
氧化乐果	40%乳油	每 667 米^2 用药 75 毫升对水 60 升喷雾防治幼虫
毒死蜱	48%乳油	1000～1500 倍液喷雾防治幼虫
吡虫啉	10%可湿性粉剂	1000～1500 倍液喷雾防治幼虫
敌敌畏	80%乳油	1500～2000 倍液喷雾防治幼虫

麦茎叶甲

【诊　断】

麦茎叶甲另有称,群众又叫钻心虫。

该虫分布多个省,华北西北均发生。

晋冀秦塬为害重,陇东平庆在其中。

甘肃发生只一代,卵在土中把冬越;

地表土下一厘米,幼虫蛀食麦茎基;

黑色蛀孔为害点,枯心麦苗也出现。

成虫生活有特性,早晚夜间和天阴,

不甚活动株上静,晴天中午弱飞行;

假死特性要记清,一触即刻堕落地;

紫花地丁和刺蓟,豆类洋芋和苜蓿,

箭叶旋花和枸杞,以上植物常栖息。

【防　治】

农业防治首先行,栖息杂草除干净,

成虫寄主多要铲,防止虫卵产田间。
物理防治也要用,利用成虫假死性,
早晚田间多观察,木棍震落用脚踏。
土壤处理可杀卵,毒死蜱药土中拌。
防治成虫抓时机,还有氯氰毒死蜱,
幼虫孵化在初期,适时喷雾灭扫利。

表 2-34　防治麦茎叶甲使用药剂

通用名称(商品名称)	剂　型	使用方法
毒死蜱	5％颗粒剂	每 667 米² 用药 2.4 千克
氯氰·毒死蜱(农地乐)	55％乳油	2000 倍液喷雾防治成虫
甲氰菊酯(灭扫利)	20％乳油	1500 倍液喷雾防治幼虫

麦椿象

【诊　断】

麦椿象虫有别称,俗名又叫臭斑虫。
作物各个发育节,刺入植物吸汁液。
幼苗被害症状显,植株顶端呈缩卷,
枯萎发黄颜色变,无效分蘖丛生乱。
越冬场所好几种,芨芨草墩墙缝中。
活动取食温宜高,土壤裂缝夜间躲。
有时避寒枯草中,风雨天气不出动,
夏季炎热不外行,避暑植株或土缝。
麦后芨芨草上迁,九月以后始休眠。
植株茂盛多密集,害虫躲藏易隐蔽。
灌溉土壤生裂缝,麦椿象虫多藏身。

【防　治】

清理环境灭虫源,茇茇草墩全烧完。

喷药封锁田埂边,防止害虫麦田迁,

高效氯氰菊酯药,准确配对喷周到。

田间管理虫勘查,发现虫口数量大,

溴氰菊酯啶虫脒,氰戊菊酯毒死蜱,

参看说明适配对,掌握虫情抢时机。

表 2-35　防治麦椿象使用药剂

通用名称(商品名称)	剂　型	使用方法
高效氯氰菊酯	4.5%乳油	2000 倍液喷雾防治成虫
溴氰菊酯	2.5%乳油	2000 倍液喷雾防治成虫
啶虫脒	3%乳油	2000 倍液喷雾防治成虫
氰戊菊酯	20%乳油	2000 倍液喷雾防治成虫
毒死蜱	40%乳油	1000 倍液喷雾防成虫

麦根椿象

【诊　断】

麦根椿象有别称,根土蟮和地臭虫。

东北西北有分布,危害作物多寄主。

高粱小麦和糜谷,禾本杂草根基部。

根部受害难生长,提早枯死降产量。

麦根椿象习性特,成虫若虫都为害,

大雨灌水多出动,土壤深处来越冬,

假死习性不例外,分泌挥发性臭液。

多雨年份轻发生,干旱年份发生重。

【防　治】

轮作倒茬变环境,此虫为害能减轻。

化学防治讲策略,喷药时机要科学,

害虫出土活动旺,此时药剂狠狠防。

农地乐或快杀灵,配对浓度看说明。

表2-36　防治麦根蝽象使用药剂

通用名称(商品名称)	剂　型	使用方法
氰戊·辛硫磷(快杀灵)	20%乳油	1500倍液喷雾
毒·氯(农地乐)	55%乳油	2000倍液喷雾

小麦管蓟马

【诊　断】

多种作物都为害,大小黑麦和芥菜。

成若虫体较细小,多藏麦苗中叶鞘。

刺吸麦穗和麦叶,叶耳叶中吸汁液。

侵害幼穗花器坏,籽粒秕瘦品质劣。

一年发生只一代,若虫根下把冬越。

穗口产卵是特点,生活习性记心间。

【防　治】

农业防治是根本,麦后及时要深耕,

轮作倒茬多推广,压茬改土害虫防。

药剂防治抓关键,产卵孵化是时间。

产卵时候药选准,阿维菌素三唑磷,

小麦扬花虫孵化,选好农药若虫杀。

阿维高氯适喷洒,提高效率钱少花。

表 2-37　防治小麦管蓟马使用药剂

通用名称(商品名称)	剂　型	使用方法
阿维·三唑磷	20%乳油	每 667 米² 用药 100～150 毫升喷雾
阿维·高氯	2%乳油	1500～2000 倍液害虫发生初期喷雾

三、玉米病虫害诊断与防治

玉米小斑病

【诊　断】

小斑病害有别名，又称玉米斑点病。
全国各地均发生，夏玉米区病较重。
该病主害是叶片，叶鞘苞叶也感染。
苗期成熟均出现，抽雄以后病可见。
斑形相比大斑小[①]，数量相比大斑多，
病初呈现水浸斑，椭圆圆形长圆形，
随后黄褐红褐变，密集时候连成片。
植株下叶发病先，向上蔓延后扩展。
品种抗性若不同，病斑形状三类型。
一类病斑仔细看，不规椭圆形病斑，
有时斑受叶脉限，长方形状能表现，
紫褐深褐显边缘，诊断时候记心间。
二类病斑再细看，椭圆或者纺锤斑，
扩展不受叶脉限，灰褐黄褐颜色显，
深褐边缘不显眼，有时病斑轮纹产。
三类病斑有特点，黄褐坏死小斑见，
大小基本不扩展，黄绿晕圈周围显。

---

①注："大斑"指大斑病

【防　治】

气流传播多次染,越冬菌源又广泛,
单一措施控病难,综合防治效果显。
抗病品种首当先,收获以后清病残,
高温沤肥灭病菌,施足基肥增施磷,
抗病先要强株体,喇叭口期追肥水。
药剂防治抓关键,喷药病情扩展前,
敌瘟磷或多菌灵,代森锌或百菌清,
科学配对标签看,间隔十天喷三遍。

表 3-1　防治玉米小斑病使用药剂

通用名称(商品名称)	剂　型	使用方法
敌瘟磷	3%乳油	每 667 米² 用药 100～130 毫升,对水 45 升喷雾
多菌灵	50%可湿性粉剂	500 倍液于发病初期喷雾
代森锌	15%可湿性粉剂	800 倍液病初喷雾
百菌清	75%可湿性粉剂	500 倍液病初喷雾

玉米大斑病

【诊　断】

此病主要害叶片,叶鞘苞叶也侵染。
中下叶片注意看,病初渍青灰斑显,
后沿叶长扩两端,形成一个梭形斑。
有时病斑不规范,几个病斑连成片。
病斑大小不统一,颜色灰褐或显灰,
多雨潮湿黑霉多,严重时候叶枯焦。

品种不同形各异,掌握规律辨容易。

抗病品种斑黄淡,有时产生黄白斑,

感病品种有特点,病斑长条形状展,

最后发生纵裂变,多数病斑片状连,

叶片多成黄萎蔫,病斑之上黑霉产。

果穗苞叶限外层,病斑多数不规则。

严重整株黄枯亡,品质劣变产量降。

【防　治】

抗病品种首先选,清除残体洁田园。

栽培技术要提高,实行轮作把茬倒。

追施基肥多施氮,适时播种不拖延。

药剂防治控病发,多菌灵粉病初洒,

代森锰锌硫菌灵,防治大斑好效应。

表 3-2　防治玉米大斑病使用药剂

通用名称(商品名称)	剂　型	使用方法
多菌灵	50%可湿性粉剂	500 倍液于发病初期喷雾
代森锰锌	70%可湿性粉剂	800 倍液病初喷雾
甲基硫菌灵(甲基托布津)	50%可湿性粉剂	600 倍液病初喷雾

玉米黑粉病

【诊　断】

整个生育均感病,主害苞穗和叶茎。

被害组织畸肿胀,菌瘤大小不一样。

外包薄膜紫或白,随后颜色变成灰,

包膜破裂黑粉散,黑粉孢子传田间。

苗期感病矮小弯,上粗下细密叶片,

颜色暗绿亮光闪,茎基部位瘤物产。
拔节感病叶瘤显,基部中脉两侧边,
密集而生连成串,植株矮小生长缓。
病染叶片和叶鞘,豆粒瘤物黑粉少。
果穗受害瘤如拳,严重子实损失惨。
该病任何部位侵,形成肿瘤散黑粉。
这个特征要记住,丝黑穗病可区分。

【防　治】

拔除病株灭菌源,发现病瘤早切断。
实行轮作二三年,深耕细整病可减。
抗病品种仔细选,播种之前药剂拌。
戊唑醇或咯菌腈,科学配对好效应。

表 3-3　防治玉米黑粉病使用药剂

通用名称(商品名称)	剂　型	使用方法
戊唑醇	2%湿拌种剂	每 10 千克种子拌药 40～60 克
咯菌腈	25 克/升悬浮种衣剂	每 10 千克种子拌药 10～20 毫升

玉米丝黑穗病

【诊　断】

又名乌米哑玉米,发生春播玉米区。
苗期叶上黄条状,宽窄数量不一样,
色为褪绿或黄白,整株颜色呈暗绿。
抽雄时期上叶看,叶脉出现黄白点,
有的发生乳白变,稍微隆起不显眼,

叶肉组织继续长，叶片皱缩不正常。
重者撕裂残不全，黑色孢子上面产。
病株茎秆呈曲弯，头重脚轻倒一边。
雄穗感病花序害，花器变形形状怪，
颖片增多无雄蕊，花器膨大在雄基。
雌穗染病穗较短，下部膨大顶较尖。
一般抽丝很困难，苞叶除外全穗变，
整个果穗黑一团，黑色丝物成散乱，
一包黑粉即出现，发病再轻产也减。

【防　治】

抗病品种首先选，防治该病最关键。
无病种田保护好，严格检疫种毒消。
拔除病株防侵染，实行轮作病能减。
粪肥管理应加强，带菌秸秆清除完。
选用药剂把种拌，咯菌腈药效明显。

表 3-4　防治玉米丝黑穗病使用药剂

通用名称（商品名称）	剂　型	使用方法
咯菌腈	25 克/升悬浮种衣剂	每 10 千克种子用药 10～20 毫升

玉米弯孢菌叶斑病

【诊　断】

全国各地均发生，东北黄淮主要病。
该病重点害叶片，叶鞘孢叶也侵染，
十叶期间病始见，抽雄灌浆病大显。
发病初期看叶片，叶产水渍褪绿斑，

渐扩成圆或椭圆,病斑连片枯叶片。
病斑中心枯白变,红褐颜色周围显,
感病品种再细看,褪绿颜色显外缘,
有时外缘黄晕环,潮湿条件显病斑,
正反两面黑霉产,这个特点记心间。

【防　治】

抗病品种首当先,栽培管理也关键。
收获及时清病残,减少病初侵染源,
合理密植不偏氮,及时防治不过晚。
化学防治药好选,对症下药莫错乱,
代森锰锌百菌清,福福锌或多菌灵,
减少抗性药轮换,间隔七天喷三遍。

表 3-5　防治玉米弯孢菌叶斑病使用药剂

通用名称(商品名称)	剂　型	使用方法
代森锰锌	70%可湿性粉剂	田间病株达 10%时用 500 倍液喷雾
百菌清	75%可湿性粉剂	田间病株达 10%时用 500 倍液喷雾
多菌灵	50%可湿性粉剂	田间病株达 10%时用 1500 倍液喷雾
福·福锌	80%可湿性粉剂	田间病株达 10%时用 500 倍液喷雾

玉米灰斑病

【诊　断】

该病我国多分布,华北东北局部重。

生长中后病常见，病叶由下向上展。
成株叶片病主染，叶鞘苞叶病也感。
病初水渍淡褐斑，浅褐条纹后渐展，
有时灰色长斑显，条斑叶脉平行延，
灰色可见斑中间，发病后期看叶片，
叶片两面病斑看，黑色霉层均可产。
越冬秸秆等病残，来年成为初染源。
感病品种范围宽，温暖多湿是条件。

【防　治】

清除秸秆等病残，减少田间侵染源。
抗病品种注意选，浇水施肥科学管，
田间积水要避免，提高抗性植株健。
化学防治药选好，对症下药最主要，
炭疽福美退菌特，轮换喷施七天隔。

表 3-6　防治玉米灰斑病使用药剂

通用名称（商品名称）	剂　型	使用方法
福·福锌（炭疽福美）	80％可湿性粉剂	800 倍液于发病初期喷雾
肿·锌·福美双（退菌特）	50％可湿性粉剂	600～800 倍液于发病初期喷雾

玉米圆斑病

【诊　断】

国内局部仅发病，吉云冀京危害重。
生长中后病发生，一旦流行产量损。
果穗苞叶叶和鞘，受害部位须知道。

穗基苞叶或穗顶,这些部位先发病,
渐向穗内扩蔓延,随后渐向穗轴展,
病部变黑呈凹陷,果穗变形显曲弯,
籽粒干秕黑色变,籽面苞叶黑霉产,
叶片染病病斑散,病初水浸淡黄斑,
后扩圆形或卵圆,同心轮纹也可见,
病斑中部褐色淡,缘褐黄绿晕圈显,
长条线斑有时现,黑色霉层见斑面。
苞叶染病病斑看,病初可见褐色点,
后扩大斑形状圆,同心轮纹黑霉产。
叶鞘染病看症状,苞叶症状很相像。
流行规律同大斑,如若流行速蔓延。
果穗部位病易染,带菌种子传播远。

【防　治】

抗病品种首当先,栽培措施防病全。
秋收及时清病残,减少病源防初染。
药剂防治看时间,喷药时机穗冒尖,
防治农药三唑酮,科学配对病可控。

表 3-7　防治玉米圆斑病使用药剂

通用名称(商品名称)	剂　型	使用方法
三唑酮	25%可湿性粉剂	800 倍液于果穗冒尖时喷雾

玉米褐斑病

【诊　断】

叶尖叶鞘和茎秆,褐斑病害均感染,

顶部叶尖生病先,叶鞘交接多病斑,
病初黄褐红褐点,斑圆椭圆到直线,
小斑常常汇集连,严重病斑全布满,
叶片病斑白色明,仔细分辨诊断清。
叶鞘叶脉出大斑,大斑褐色破裂产,
细胞组织坏死变,黄褐粉末能外散。
病叶局部显散裂,叶脉维管丝状残。
土壤病残孢子眠,越冬来年成病源,
雨多量大病易感,阴雨天气利蔓延。

【防　治】

耐病品种多推广,轮作倒茬三年上。
收获以后清病残,增施农肥土深翻,
合理密植株体健,田间排水湿度减。
化学防治药选准,三唑酮或烯唑醇,
多菌灵或异菌脲,合理配对效果好。
多雨年份重点防,定期测报要跟上。

表 3-8　防治玉米褐斑病使用药剂

通用名称(商品名称)	剂　型	使用方法
三唑酮	25%可湿性粉剂	1500 倍液喷雾
烯唑醇	12.5%可湿性粉剂	1000～1500 倍液喷雾
异菌脲	50%可湿性粉剂	1000～1500 倍液喷雾
多菌灵	50%可湿性粉剂	500 倍液喷雾

玉米锈病

【诊　断】

玉米锈病主害叶,严重也把穗叶害。

病初叶片看两面,淡黄小点两面见。
随后病点突出显,扩展呈圆或长圆,
黄褐褐色病斑产,表皮翻起锈粉散。
生长后期病斑变,黑色突起形呈圆。
破裂露出黑褐粉,冬孢子堆要记准。
夏孢田间重复染,由南至北季风传,
湿高利于病发展,逐渐扩大可蔓延。

【防　治】

早熟品种易发病,选种时候要记清,
马齿品种较抗病,病重地区多推行。
增施农肥株体健,化学肥料不偏氮。
抗病品种首当先,综合治理措施全。
预测预报走在前,喷施农药不盲乱,
代森锌或代森铵,三唑酮药防效显。
发病初期喷一遍,配对浓度严把关,
流行期间常观察,间隔七天喷三遍。

表 3-9　防治玉米锈病使用药剂

通用名称(商品名称)	剂　型	使用方法
代森锌	65%可湿性粉剂	800 倍液于发病初期喷雾
代锌铵	50%水剂	800 倍液于发病初期喷雾
三唑酮	25%可湿性粉剂	病害流行时 1000 倍液间隔 7 天喷 3 遍

玉米粗缩病

【诊　断】

该病发生病毒染，粗缩病毒为病原。
分布全国多个省，局部地区发生重。
轻者植株生长滞，严重发病不结实。
植株染病有特点，五六叶时症状显，
心叶基部仔细看，中脉两侧再分辨，
透明虚线斑点现，逐渐扩展整叶片。
植株如果把病感，叶背苞叶鞘脉看，
蜡白条状突起产，粗细不一又明显，
触摸粗糙无好感，叶片厚硬变短宽，
有色部分浓绿变，顶部叶片簇状显。
病株生长特别慢，节间粗肿呈缩短。
病株根系少而浅，健株相比不及半。
轻者雄雌发育劣，花粉少而籽不结，
病重雄穗抽出难，雌雄畸形能绝产。

【防　治】

灰飞虱虫把毒传，防病核心控毒源。
抗病品种首当先，防病防虫最关键。
田间地边草清理，破坏虫源栖息地。
发现病株拔田外，及时烧毁或深埋。
施肥浇水加强管，促进玉米株体健，
感病时期能缩短，传毒机会便少减。
苗期喷药杀虫源，田埂地头药喷遍，
吡虫啉或噻嗪酮，科学配对轮换用。
另外还有菌毒清，防虫治病同进行。

表 3-10 防治玉米粗缩病使用药剂

通用名称(商品名称)	剂 型	使用方法
吡虫啉	10%可湿性粉剂	3000～4000 倍液喷雾
噻嗪酮	25%可湿性粉剂	1000～1200 倍液喷雾
菌毒清	5%水剂	每 667 米² 用药200～300 毫升喷雾

玉米茎腐病

【诊 断】

茎腐病害有别名,又叫玉米青枯病。
玉米产区均发生,局部地区危害重,
病株籽粒不饱满,果穗籽粒有腐烂,
乳熟期间病始见,蜡熟病症高峰显。
病初植株显萎蔫,失水枯萎是叶片,
叶片青灰残黄变,青枯黄枯逐渐现。
茎基两节色变褐,失水变软呈皱缩,
有时茎基病若染,二至四节仔细看,
梭形椭圆水浸斑,逐渐扩大绕茎秆,
颜色变褐呈腐烂,风吹容易倒地面。
病株果重下垂掉,果柄柔韧易脱落,
根颈部位紫红霉,有时霉物絮状白。
吐丝成熟雨多行,危害程度呈上升。
病粒病残土内存,越冬来年再侵染。
风雨灌溉机械传,根茎伤口病易感。

【防　治】

抗病品种首当先,感病品种面积减。

轮作换茬环境变,洋芋大豆互轮换。

收获以后清病残,清洁田园土深翻。

适期播晚病害轻,增施农肥增抗性。

拔节出穗多施钾,配方施肥防效佳。

玉米纹枯病

【诊　断】

玉米产区均发生,南方雨区发病重。

主害部位是叶鞘,其次叶片果苞叶,

发病严重入茎秆,病秆不倒直立站。

病初茎基叶鞘染,侵染叶片向上延,

水渍状斑先出现,圆或椭圆灰绿颜,

渐变白色至黄淡,后变红褐云纹斑。

叶鞘受害有特点,病菌透过叶鞘面,

危害茎秆症状显,黑褐色斑呈下陷,

湿度大时症特别,病斑之上现白霉,

温高后期生菌核,初为白色后呈褐,

条件适宜斑发展,叶片逐渐也萎蔫,

植株症状似水烫,暗绿腐烂而枯亡。

拔节抽雄病展快,吐丝灌浆重受害。

生长旺盛密度大,通风不良病易发。

【防　治】

寄主较多土传病,防治应先菌源清。

病株清除土深翻,销毁菌核田草铲,

消灭越冬病菌源,减少来年初侵染。

最初摘除病叶片,感病叶鞘剥去完。
集中烧毁菌源断,防止病害多蔓延,
剥除茎部病叶鞘,染病部位涂上药。
化学防治很重要,喷雾时候药选好,
井冈霉素多菌灵,退菌特或菌核净,
还有甲基硫菌灵,科学配对看说明。

表 3-11　防治玉米纹枯病使用药剂

通用名称(商品名称)	剂　型	使用方法
井冈霉素	1.5%水剂	每 667 米^2 用药 50～75 毫升对水 75～100 喷雾
多菌灵	50%可湿性粉剂	500 倍液喷雾
胂·锌·福美双(退菌特)	50%可湿性粉剂	每 667 米^2 用药 100 克,对水 100 升喷雾
菌核净	40%可湿性粉剂	每 667 米^2 用药 100～150 克,对水 30～45 升喷雾
甲基硫菌灵(甲基托布津)	50%可湿性粉剂	600～800 倍液喷雾

玉米疯顶病

【诊　断】

疯顶病害有别名,又称玉米丛顶病。
该病分布好多省,河南江苏和辽宁,
制种基地成连片,部分地块有蔓延。
幼苗成株均感病,仔细分辨有特点。
苗期病菌始侵染,病田苗株绿色淡,
六至八叶病始显,分蘖多而叶窄变;
有的病苗无分蘖,叶片宽大有黄叶,

有时叶脉黄绿间,叶片皱缩不平展,
部分病田畸叶片,扭曲叶片很难看。
成株病状多类型,记住特点能分清。
雄穗增生呈畸形,出现刺头叫疯顶。
有时雄穗畸部分,上部正常下显症,
团状绣球病部产,雄花抽出很艰难。
果穗如果把病染,苞叶叶尖形态变,
病重雌穗变苞叶,部分穗轴茎状节;
心叶上叶扭成团,状似牛尾呈现环。

【防　治】

带菌种子传播远,清除病残灭菌源。
加强检疫病控严,病区调种要避免。
五叶以前不漫灌,排除积雨防水淹。
发现病株及时铲,高温堆肥或烧完。
抗病品种首当先,轮作倒茬环境变。
拌种喷雾药剂选,参看说明不盲乱。
甲霜锰锌杀毒矾,拌种浓度掌握严。
波尔锰锌喷田间,间隔十天喷三遍。

表 3-12　防治玉米疯顶病使用药剂

通用名称(商品名称)	剂　型	使用方法
甲霜·锰锌	58%可湿性粉剂	以种子重量 0.4%拌种
噁霜·锰锌(杀毒矾)	64%可湿性粉剂	以种子重量 0.4%拌种
波尔·锰锌	78%可湿性粉剂	500～600 倍液喷雾

玉米矮花叶病

【诊　断】

矮花叶病有别名，花条黄绿条纹病。
全国各地均发生，局部地区危害重。
生育全期病均染，苗期侵染损失惨。
病株黄瘦生长慢，株高不及好株半。
病苗初期心叶现，心叶基部叶脉间，
椭圆褪绿小斑点，顺沿叶脉成续断，
褪绿条纹深和浅，长短不同脉间产，
叶肉失绿颜色黄，叶脉绿色仍不变，
病情扩展叶黄完，组织变硬脆枯干，
病株枯死多提前，不能抽穗田无产。

【防　治】

多种蚜虫把毒传，防治蚜虫最关键，
育苗移栽可推广，田间管理要加强，
防病治蚜首当先，玉米蚜虫方法看。

玉米穗腐病

【诊　断】

玉米穗腐多菌感，五种病原共同染。
我国发生很普遍，危害加重呈逐年，
果穗染病粒霉烂，种子芽率明显减。
果穗籽粒病若染，果穗局部把色变，
粉红黄绿颜色显，还有灰黑霉层产；
病穗无产籽不满，有时秕瘪或霉烂，

苞叶病菌相互粘,不易剥离果穗面。

病菌种子和病残,越冬来年侵染源。

玉米螟和棉铃虫,虫害多时病加重。

【防　治】

吐丝成熟雨多降,穗腐病害及早防,

果穗苞叶如果紧,穗腐病害有抗性,

加强管理强植株,适时追肥促早熟,

蜡熟中期苞叶开,果穗透气需晾晒。

化学防治不可少,喷雾拌种选好药,

百菌清或多菌灵,拌种时候灭菌源。

穗部害虫及时防,减少病菌入虫伤。

喷雾时选丙环唑,果穗下叶喷周到。

表 3-13　防治玉米穗腐病使用药剂

通用名称(商品名称)	剂　型	使用方法
百菌清	75%可湿性粉剂	以种子重量 0.4%拌种
多菌灵	50%可湿性粉剂	以种子重量 0.4%拌种
丙环唑	25%乳油	2000 倍液喷雾果穗及茎叶

玉米顶腐病

【诊　断】

东北山东发生多,潜在危险性较高。

苗期成株均发病,症状复杂多样性。

苗期生长常缓慢,茎基灰褐黑色变,

叶片边缘失绿显,黄色条斑再出现,

生长中后叶茎烂,仅留主脉是特点,

多呈畸形呈蒲扇,后生心叶顶端烂,

叶片短小枯叶尖,刀削缺刻叶缘现。

成株病株多小矮,顶部叶小呈残缺,

有时扭曲不展开,雌穗小而籽不结;

茎基部位节间短,病烂斑块产茎秆,

腐烂部位虫蛀口,纵切内部黑腐见。

主根短小根毛多,根冠绒毛色变褐。

土壤病残伴菌源,越冬来年初侵染,

种子带菌传播远,发病区域可外延。

【防　治】

剪去裹雄病叶片,带出田外深埋完。

喇叭口期追施氮,促进生长植株健。

化学防治不可少,喷雾拌种选好药,

百菌清或多菌灵,科学配对种毒清,

喷雾首选烯唑醇,发病田块及时喷,

注意花期不应用,以免药害再产生,

喷雾避免午高温,防止施药人中毒。

表 3-14　防治玉米顶腐病使用药剂

通用名称(商品名称)	剂　型	使用方法
百菌清	15%可湿性粉剂	以种子重量 0.4%拌种
多菌灵	50%可湿性粉剂	以种子重量 0.4%拌种
烯唑醇	12.5%可湿性粉剂	1200 倍液喷雾

玉米缺素症

【缺　氮】

幼苗缺氮瘦弱变,叶丛矮化黄绿颜。

叶片变黄始叶尖,沿着中脉再发展。

形成 V 形黄叶片,导致全株黄化完。
关键时期若缺氮,果穗小而难丰产,
顶部籽粒不饱满,蛋白含量呈下减。

【缺　磷】

缺磷嫩株较敏感,叶尖叶缘紫红颜,
随后叶端紫褐暗,根系生长很缓慢,
雌穗授粉被受阻,籽粒不实穗曲弯。

【缺　钾】

下部叶片首先看,叶尖叶缘颜色变,
黄色或似红枯焦,后期植株易伏倒,
穗顶发育不很好,果重变小产量少。

【缺　镁】

褪绿条纹叶脉间,黄白相间是特点。
下部老叶仔细看,尖端边缘紫红显。
严重缺镁枯缘尖,全株叶片病状产。

【缺　锌】

幼苗出土半月间,浅白条纹叶片显,
随后叶脉两侧看,白化宽带组织产,
中脉边缘绿不变,叶缘叶鞘红褐颜。

【缺　硫】

植株矮化叶丛黄,缺氮症状很相像。

【缺　铁】

上部叶片首先看,叶脉之间细分辨,
浅绿或者白色显,有时全叶颜色变。

【缺　硼】

嫩叶叶脉之间看,白色斑点能出现,
斑点融合条纹生,严重时候抽雄难。

【缺　钙】

幼叶不展抽生难，叶尖黏合呈曲扭。
植株轻微黄绿颜，引致矮化生长难。

【缺　锰】

幼叶脉间变黄慢，黄绿条纹呈相间。
叶片下披曲弯样，若是缺镁无此状。

【缺氮原因】

缺氮原因有多条，地薄施肥数量少，
沙质土壤肥水跑，抑制硝化酸度高。

【缺磷原因】

轻质土壤含磷少，前茬作物消耗多。
缺磷土壤土黏重，固结作用磷难供。

【缺钾原因】

腐质泥炭沙质土，淋溶钾素难保住。

【缺硼原因】

硼素淋溶土酸化，石灰过量硼缺乏。

【缺锰原因】

通气不良土黏重，碱性土壤易缺锰。

【缺硫原因】

硫肥长期不施用，容易出现缺硫病。

【缺钙原因】

不含钙物沙质土，缺钙病状易早生。
人为因素也影响，化学肥料不配方，
瘠薄土壤不改良，农肥用量大下降。

【防　治】

瘠薄土壤定改良，化学肥料要配方，

土壤化验走在先,弄清原因算含量。
施足基肥最重要,田间追肥不能少,
应急叶面喷肥好,适量适期好疗效。
防治方法要齐全,小麦缺素症参看。

玉 米 螟

【诊 断】

玉米螟名钻心虫,全国各地均分布。
初龄幼虫潜藏害,三龄以后蛀孔排,
雌雄花丝被蛀食,发育不良抑结实,
成虫习性要记清,昼伏夜出趋光性,
卵产叶背中脉近,初产卵白扁圆形;
初孵幼虫吐丝垂,随见钻入心叶内;
一至三龄幼虫集,为害心叶及雄穗,
四至五龄下转移,蛀入雌穗害籽粒。
老熟幼虫始化蛹,选择部位需记准,
玉米茎秆和叶鞘,雌穗苞叶也不少。

【防 治】

天敌种类比较多,保护天敌很重要,
防治时期要记牢,心叶穗期相结合,
化蛹秸秆集中烧,越冬幼虫数量少,
生物防治要推广,赤眼蜂虫多释放。
防治指标要掌握,花叶株率若达标,
杀虫双是首选药,氯氰毒死蜱也好。

表 3-15　防治玉米螟使用药剂

通用名称（商品名称）	剂　　型	使用方法
杀虫双	3.6%大颗粒剂	在喇叭口期按照每 667 米^2 使用 1000～1500 克的药量，于玉米心内均匀撒施
氯氰毒死蜱	15%乳油	于害虫发生初期 800～1000 倍液喷雾

黏　虫

【诊　断】

黏虫暴发为害惨，全国各地分布遍。

一至二龄叶食孔，三龄以后缺刻症，

五至六龄大食量，严重时期叶吃光。

为害作物好多样，谷子玉米和高粱。

三龄以后假死性，卷缩坠地是受惊，

晴天潜伏根处土，傍晚阴天害植株。

幼虫常常成群迁，整块作物受害完。

成虫淡褐或黄褐，前翅近缘黄圆斑，

翅中一个小白点，记住特点好诊断。

【防　治】

物理防治首当先，诱集方法要多全。

谷草把子插在田，诱集成虫把卵产，

每隔五天需更换，换下草把烧毁完。

糖醋盆和黑光灯，诱杀成虫定成功。

虫口指标若达到，掌握适期立喷药，

辛硫磷或敌百虫,敌敌畏药轮换用。

表 3-16 防治黏虫使用药剂

通用名称(商品名称)	剂　型	使用方法
辛硫磷	50%乳油	三龄前 1500 倍液喷雾
敌百虫	2.5%可溶性粉剂	每 667 米² 用药 2000 克
敌敌畏	80%乳油	三龄前 1000 倍液喷雾

玉米蓟马

【诊　断】

玉米蓟马有三种,诊断时候要分清,
为害作物有好多,玉米小麦和水稻。
受害叶片特征显,断续银白条斑产,
如果叶片受害重,状似银粉涂一层。
苗期为害常常见,心叶受害不能展。
黄呆蓟马习性记,越冬枯叶草根基,
该虫属于孤雌生,成虫长半短翅分,
行动迟钝不活泼,阴雨时候活动少。
禾蓟马虫要记牢,成虫若虫较活泼,
多喜旺盛株心叶,常在叶片正面害,
降雨频繁大雨量,虫口迅速会下降。
导管蓟马不一样,成虫趋花性较强,
小麦扬花时产卵,干旱麦田是虫源,
成虫活动多时间,喇叭口里最喜欢,
抽雌以后虫大量,为害繁殖雄穗上。

【防　治】

合理密植适时灌,清除杂草害虫减,

化学防治最重要,关键时期快喷药。

氰戊菊酯吡虫啉,杀螟硫磷换喷淋。

表 3-17　防治玉米蓟马使用药剂

通用名称(商品名称)	剂　型	使用方法
氰戊菊酯	20%乳油	3000 倍液喷雾
吡虫啉	10%可湿性粉剂	2000 倍液喷雾
杀螟硫磷	20%乳油	每 667 米^2 用药 180～250 毫升喷雾

玉米叶螨

【诊　断】

玉米叶螨种类三,截形朱砂二斑螨。
若螨成螨群体害,聚集叶背吸汁液,
受害叶片灰白颜,枯黄细斑叶片显,
严重叶片干枯落,影响生长果期缩,
截形叶螨性记准,越冬枯枝和土缝。
下部叶片为害先,然后向上再蔓延,
危害发生先点片,随后周围再扩散,
条件适宜速发展,玉米失绿红枯干。
二斑叶螨有特征,雌成螨在土缝中,
落叶枯枝杂草根,吐丝结网潜越冬,
越冬雌螨若出蛰,集中杂草春逞凶,
玉米出苗转移来,六至七月猖獗害。
活动现象有特色,叶背主脉喜欢聚,
吐丝结网便出现,群集叶端成一团,
吐丝下垂风力传,高温低湿速发展。

朱砂叶螨再来看,早春适温大量繁,
前期若虫活动慢,后期活动把食贪,
为害先在下叶片,随后逐渐上顶端,
常在叶梢集成团,风刮落地四周散。

【防　治】

农业防治效果显,土壤深翻压害螨,
早春秋后把水灌,冲入泥土害螨淹。
田间地埂杂草铲,繁殖场所清除完。
玉米大豆间作免,种群数量显著减。
化学防治很简单,选好农药喷田间,
田埂附近防治先,控制点片防蔓延,
甲氰菊酯吡虫啉,阿维菌素哒螨灵。

表 3-18　防治玉米叶螨使用药剂

通用名称(商品名称)	剂　型	使用方法
甲氰菊酯	20%乳油	2000 倍液喷雾
吡虫啉	10%可湿性粉剂	1500 倍液喷雾
阿维菌素	1.8%乳油	2000 倍液喷雾
哒螨灵	15%乳油	2500 倍液喷雾

玉 米 蚜

【诊　断】

玉米蚜虫有别名,又称油旱和腻虫,
全国各地均分布,高粱小麦等寄主。
成蚜若蚜吸汁液,为害时候集心叶,
叶片发红或发黄,生长发育多影响,
为害叶片蜜露产,黑色霉物常出现。
翅胎雌蚜有特点,为害玉米叶背面,

逐渐向上再蔓延,附近植株再扩散,

扬花时期蚜量增,群聚为害叶和雄。

【防　治】

蚜虫天敌好多种,瓢虫草蛉食蚜蝇,

喷药时候天敌保,以虫治虫效果好。

农业防治也有效,田边沟边清杂草。

药剂拌种防苗虫,拌种农药吡虫啉,

喷雾防治抗蚜威,参看标签适配对。

乐果乳油配毒砂,植株心叶均匀撒。

表 3-19　防治玉米蚜使用药剂

通用名称(商品名称)	剂　型	使用方法
吡虫啉	10%可湿性粉剂	用种子重量的 0.1%拌种
抗蚜威	50%可湿性粉剂	发现中心蚜可用 1500 倍液喷雾防治
乐果	40%乳油	每 667 米^2 用 50 毫升对水 500 升稀释后,拌 15 千克细砂,每株心叶撒 1 克

蝼　蛄

【诊　断】

蝼蛄害虫别称呼,地拉蛄或拉拉蛄。

为害特点需记牢,种子幼苗均食咬,

发芽种子虫喜好,严重断垄也缺苗,

幼根嫩茎也咬食,扒成乱麻或成丝,

受害幼苗长不良,有时能使苗死亡。

蝼蛄习性要记准,土壤表层善爬行,

往来乱窜成纵横,种子架空苗吊根。

该虫习性应记清,成虫夜动趋光性,
高温高湿夜晚闷,大量出土来活动。

【防　治】

秋收以后深翻地,越冬虫口能压低,
物理防治多应用,诱集频振杀虫灯,
化学防治好药选,辛硫磷和杀螟丹,
土壤处理毒土撒,农药拌种浓度严,
毒饵防治有时间,地面撒饵在傍晚。

表 3-20　防治蝼蛄使用药剂

通用名称(商品名称)	剂　型	使用方法
辛硫磷	50%乳油	每 667 米² 用 200～250 克加水 10 倍,喷拌 30 千克细土,撒施地面深翻;或 100 毫升对水 2～3 升,拌玉米种子 40 千克,拌后闷 2～3 小时
杀螟丹	50%可溶性粉剂	每 667 米² 按 1∶25 比例拌炒香的麦麸,加适量水拌成毒饵撒施

蛴　螬

【诊　断】

昆虫分类要记住,金龟甲科鞘翅目。
蛴螬害虫食性杂,多种作物害根下。
取食为害有特点,幼苗根茎能咬断,
拔出害苗断口看,整齐平截记心间,
缺苗断垄苗不全,严重时候损失惨。

成虫为害另部位,叶片嫩芽和花蕾。
越冬成虫是否动,土壤温度来决定,
随着早春土温升,害虫上移土中行。

【防　治】

农业防治最常用,春秋翻地多拾虫,
生粪未熟不可施,防止害虫来取食。
严重地块把水灌,促向土层深处转,
幼苗为害可避开,防止播种把苗缺。
佳多频振杀虫灯,田间悬挂诱成虫,
前期悬挂一米多,中后位置同株高;
六月中旬把灯开,八月下旬虫灯撤,
每晚开灯整九点,翌日凌晨四点关。
化学防治效果显,土壤处理首当先,
辛硫磷油土壤拌,撒施地面即耕翻。
种子处理不可少,种衣剂药要选好。
种衣剂选百灵丹,地下害虫全灭完。
毒死蜱药防效高,颗粒剂型杀蛴螬。

表 3-21　防治蛴螬使用药剂

通用名称(商品名称)	剂　型	使用方法
辛硫磷	50%乳油	每 667 米² 用 200～250 克,加水 10 倍,喷于 25～30 千克细土中拌匀成毒土
阿维菌素	1.8%乳油	2000 倍液喷雾
哒螨灵	15%乳油	2500 倍液喷雾
毒死蜱	10%颗粒剂	耕地时每 667 米² 撒施 1～2 千克
克百威(百灵丹)	10%悬浮种衣剂	1000 毫升包衣种子 10 千克

金 针 虫

昆虫分类要记住，叩头甲科鞘翅目。

该虫别名好多种，又名芨芨叩头虫。

金针害虫有三种，细胸褐纹沟金针。

各地分布不相同，掌握特征细心分。

瓜果蔬菜农作物，为害寄主有好多。

种子幼芽苗根基，取食导致苗子死，

种子茎基蛀成洞，掌握特点易辨认。

缺苗断垄苗不全，严重时候毁全田。

沟金针虫仔细辨，虫体特点记心间，

形体细长略显扁，体壁光滑硬而坚，

虫体出现黄细毛，前头口器色暗褐，

胸腹背面细纵沟，尾端分叉是特征。

细胸金针细圆长，体表光亮色淡黄，

口器深褐头扁平，尾节呈现圆锥形。

褐纹金针筒长细，颜色棕褐具光泽。

一九节部红褐色，头部梯形呈扁平。

沟金针虫有习性，随着地温上下动，

雌雄成虫各不同，雌性成虫飞无能，

雄性趋光善飞行，白天潜土夜交配，

雌性成虫活动弱，原地产卵少外扩。

细胸金针不一样，世代多态是现象，

成虫昼潜土根茬，交配活动在傍晚。

褐纹金针性记准，成虫下午活动盛，

卵产三寸麦根处，羽化成虫土越冬。

防治方法不再谈，蛴螬防治仔细看。

小地老虎

【诊　断】

另有名称叫地蚕，各地分布很广泛。
玉米苗期重为害，群集心叶在昼夜，
取食叶内留表皮，针孔花叶症状记。
三龄以后分散害，白天潜伏晚出来，
幼苗根际多查看，干湿土层之间见，
幼苗茎基夜咬断，黎明以前活动繁。
成虫昼间土草藏，趋光趋化性较强。
每年发生四五代，一代幼虫主为害。
蛹或老虫南越冬，成虫羽化向北迁。
迁移食蜜补营养，交配以后把卵产。

【防　治】

三龄以前不入土，掌握习性人工捕，
清晨查看虫叶片，发现幼虫快灭杀。
田间安装杀虫灯，每盏诱虫两公顷。
糖醋液盆诱成虫，配制诱液比例清，
糖三醋四水二份，白酒一份敌百虫。
化学防治出策略，不同虫龄不同药。
三龄之前喷株基，氰戊菊酯毒死蜱，
虫龄大时药灌根，辛硫磷或乐斯本。

表 3-22　防治小地老虎使用药剂

通用名称(商品名称)	剂　型	使用方法
氰戊菊酯	20%乳油	1500 倍液喷施植株下部
毒死蜱(乐斯本)	48%乳油	1000 倍液喷施灌根
辛硫磷	50%乳油	800 倍液喷施灌根
敌百虫	90%可溶性粉剂	800 倍液与糖、醋、酒、水混合

棉 铃 虫

【诊　断】

棉铃害虫有别名，又称钻心棉桃虫，
全国分布较广泛，为害玉米常可见。
幼虫为害有特征，咬食花丝不授粉，
受害果穗顶戴帽，籽粒不育成空壳。
三龄以后蛀穗内，咬食玉米小籽粒，
穗轴顶部见粪便，部分籽粒发霉烂。
果穗顶部虫孔见，老熟幼虫可分钻。
叶片受害见穿孔，雄穗受害成缺齿。
降雨多而有食料，玉米周围棉田多，
有利该虫大发生，为害规律应记准。

【防　治】

蜜源作物成虫诱，向日葵株种四周，
田间安放频振灯，棉铃虫害可以控。
单灯控制两公顷，不用农药保环境。
六月下旬开虫灯，八月下旬把灯撤。
收获及时把茬灭，深翻破蛹多深埋。

天敌保护多利用,生物农药要推行。

喷药施肥适调整,天敌伤害要止禁。

Bt 乳剂印棟素,阿维菌素轮换用。

化学防治选时机,百穗卵量六十粒。

一二龄虫未入果,抓住时间可喷药。

高效氯氰和硫丹,辛氰乳油相轮换。

表 3-23　防治棉铃虫使用药剂

通用名称(商品名称)	剂　型	使用方法
苏芸金杆菌(Bt)	2000 单位/毫克悬浮剂	每 667 米^2 用 30 毫升对水 60 升喷雾
阿维菌素	1.8%乳油	每 667 米^2 用 60 毫升对水 60 升喷雾
印棟素	0.3%乳油	每 667 米^2 用 20 毫升对水 60 升喷雾
高效氯氰菊酯	4.5%乳油	每 667 米^2 用 60 毫升对水 60 升喷雾
硫·丹	35%乳油	1500 倍液喷雾
辛·氰	25%乳油	每 667 米^2 用 80 毫升对水 60 升喷雾

玉米双斑萤叶甲

【诊　断】

昆虫分类须记牢,鞘翅目的叶甲科。

全国分布多个省,华北华中都发生。

两广四川和东北,以及云贵陕甘宁。

成虫为害有特征,啃食叶肉留表皮;

抽雄以后留花丝，玉米授粉被受阻，
果穗嫩粒成虫食，籽粒破碎或被吃。
成虫长卵棕黄色，前胸背板宽隆起，
成虫能飞和善跳，群聚趋嫩趋光弱，
植株向上而下食，光强叶背穗花蔽。
田园附近草丛间，表土下面卵散产，
幼虫生活草丛中，干旱年份发生重。

【防　治】

田边渠旁杂草铲，保护环境虫源减。
化学防治关键抓，成虫盛发药喷洒，
氰戊菊酯或功夫，高效氯马细喷雾。

表 3-24　防治玉米双斑萤叶甲使用药剂

通用名称（商品名称）	剂　型	使用方法
氰戊菊酯	20％乳油	成虫盛发期 2000 倍液喷雾
高效氯氟氰菊酯（功夫）	2.5％水乳剂	成虫盛发期 2000 倍液喷雾
高氯·马	37％乳油	每 667 米^2 用 50 克对水 50 升喷雾

玉米耕葵粉蚧

【诊　断】

昆虫分类要记好，同翅目的粉蚧科。
近年发现新害虫，河南山东危害重。
若虫群集幼根节，鞘基外侧吸汁液。
受害株弱叶变黄，发育迟缓慢生长。
雌虫长圆呈扁平，两侧缘近似平行，
虫体呈现纵褐色，全身覆盖白蜡粉，

雄虫身体纤细弱,全体颜色深黄褐。

一龄若虫无蜡粉,二龄若虫白粉覆。

雌性若虫老熟变,茎基鞘土把卵产。

为害嗜食禾本科,马唐狗尾草上多。

【防　治】

综合防治讲策略,铲除禾本科杂草。

棉花大豆相间作,旱田变水好效果,

轮作换茬结构调,害虫适生环境破。

根茬耕翻要深埋,初始虫源能杀灭。

毒死蜱药灌根基,下部叶鞘喷仔细,

玉米幼苗选农药,喷施灌根氧乐果。

表 3-25　防治玉米耕葵粉蚧使用药剂

通用名称(商品名称)	剂　型	使用方法
毒死蜱	48%乳油	1000 倍液灌根,每株用药液 100～150 克
氧化乐果	40%乳油	500～1000 倍液喷施在基部或灌根

玉米铁甲虫

【诊　断】

昆虫分类须记牢,鞘翅目和铁甲科。

成群迁飞取食苗,假死特性不忘掉。

成虫害叶叶面看,顺沿叶脉产白线。

幼虫为害叶皮潜,两层透明表皮显。

白色斑块显叶面,幼虫经常出叶片,

严重全株叶白变,生长不良损失惨。

虫态辨认看特点，成虫体色呈黑蓝，
鞘翅密生黑棘刺，有序排列可分辨。
虫卵颜色是淡黄，表面光滑扁椭圆。

【防　治】

精细整地铲野草，降低虫源为害少，
成虫迁入人工捉，割除虫片集中烧。
化学防治选好药，成虫迁田药喷到，
杀虫双或硫丹氰，适时防治虫可净。
虫卵孵化若达标，正是时机喷药好。

表 3-26　防治玉米铁甲虫使用药剂

通用名称(商品名称)	剂　型	使用方法
杀虫双	25％水剂	每 667 米² 用药 200 毫升对水 50～60 升喷雾
硫丹·氰(快杀灵)	25％乳油	每 667 米² 用药 60 毫升对水 60 升喷雾

四、大麦病害诊断与防治

大麦叶锈病

【诊　断】

大麦叶锈有别名,群众又称黄疸病。
感病主要在叶片,有时也染鞘穗秆。
受害部位显病斑,赤褐病斑状明显,
夏孢子堆表面散,赤褐孢子出叶面,
适宜条件若出现,孢子散落再侵染。
大麦成熟冬孢产,叶背叶鞘表皮见。

【防　治】

抗病品种首当先,合理布局很关键,
防治方法小麦看,具体应用参照办。

大麦坚黑穗病

【诊　断】

大麦此病有别名,铁灰穗和灰穗病。
大麦青穗危害重,甘肃各地都发生。
病穗部分叶鞘囊,病株稍矮再细瞧。
穗颈变短难出来,籽粒外颖全破坏,
灰黑薄膜包在外,一层黑粉难散开。
系统病害幼苗染,一年只能染一遍。
土壤粪肥传播少,种子传播最主要,
种子发芽病菌动,出土以前芽鞘侵。

【防　治】

建立无病留种田,防止菌随种子传,

药剂拌种首当先,轮作倒茬也关键。

三唑酮或多菌灵,还有甲基托布津,

敌萎丹或戊唑醇,仔细周到拌均匀。

表 4-1　防治大麦坚黑穗病使用药剂

通用名称(商品名称)	剂　型	使用方法
多菌灵	50%可湿性粉剂	200 克药剂加水 4 升,拌种 50 千克
甲基硫菌灵(甲基托布津)	50%可湿性粉剂	200 克药剂加水 4 升,拌种 50 千克
苯醚甲环唑(敌萎丹)	3%种衣剂	20 毫升对 12.5%禾果利可湿性粉剂 10 克对水 700 毫升,拌种 10 千克
戊唑醇	2%湿拌种剂	15 克对水 700 毫升,拌种 10 千克
三唑酮	15%可湿性粉剂	10 千克种子拌药 20 克

大麦散黑穗病

【诊　断】

大麦此病有别名,群众俗称火穗病。

病株特征要记牢,植株稍矮抽穗早,

染病穗部全破坏,灰白薄膜包在外,

内包黑粉能破裂,风吹散开穗轴在。

【防　治】

拔除病株带田外,及时烧毁和深埋,

病田籽粒禁作种,防止传播害民众。

温烫浸种最常用,变温恒温都可行。

化学防治药拌种,禾果利或戊唑醇,

敌萎丹或多菌灵,交替轮换无抗性。

表 4-2　防治大麦散黑穗病使用药剂

通用名称(商品名称)	剂　型	使用方法
烯唑醇(禾果利)	12.5%可湿性粉剂	用 10～15 克对水 700 毫升,拌种 10 千克
戊唑醇	2%湿拌种剂	10～15 克对水 700 毫升,拌种 10 千克
苯醚甲环唑(敌萎丹)	3%悬浮种衣剂	20～40 毫升对水 700 毫升,拌种 10 千克
多菌灵	50%可湿性粉剂	200 克药剂加水 4 升,拌种 50 千克

大麦条纹病

【诊　断】

大麦青稞都感病,长江流域发病重。

芽鞘幼芽病多感,叶片叶鞘症状显。

平行条纹有时产,蘖后条纹更明显,

数目分布不规范,叶片两侧或中间。

颜色形状因种变,有黄有褐有斑点,

叶鞘茎秆病斑小,老病斑上长黑霉。

后期条斑渐枯干,沿着叶脉破裂产。

最后全株黑枯死,病株矮小穗形畸。

该病发生与流行,播种扬花天气定,

扬花多雨温湿高,病菌侵染刚正好。

播种湿多温度低,有利病菌侵芽内。

【防　治】

播种时候算时间，春不太早冬不晚。

温烫浸种病菌控，变温恒温最常用，

化学防治把种拌，硫酸亚铁效果显，

咪鲜胺或烯唑醇，喷雾浸种都杀菌。

表 4-3　防治大麦条纹病使用药剂

通用名称(商品名称)	剂　型	使用方法
硫酸亚铁	80%晶体	50%水溶液浸种 4 小时后，晾干播种
咪鲜胺	20%水乳剂	1000～1500 倍液于抽穗期喷雾
烯唑醇	25%乳油	1500 倍液于抽穗期喷雾

五、荞麦病虫害诊断与防治

荞麦立枯病

【诊　断】

幼苗立枯病常见，病初茎基多查看，

茎基纵褐凹陷斑，严重苗死枯立站。

水流农具病菌传，土中腐生二三年。

【防　治】

抗病品种首先选，农肥腐熟再入田，

移栽灵剂杀菌强，不良环境可抵抗。

病初化学农药喷，利克菌药或信生。

井冈霉素或爱苗，药量水量要对好。

表 5-1　防治荞麦立枯病使用药剂

通用名称（商品名称）	剂　型	使用方法
苯甲·丙环唑（爱苗）	30%乳油	病初 3000 倍液喷雾
井冈霉素	5%水剂	病初 1000 倍液喷雾
甲基立枯磷（利克菌）	20%乳油	1200 倍液喷雾
腈菌唑（信生）	30%乳油	1000 倍液喷雾

荞麦褐斑病

【诊　断】

该病又名褐纹病，多雨年份病发生。

褐斑主染在叶片,严重病斑连一片,
病斑圆至不规形,边缘深褐微轮纹,
灰褐至褐斑中显,叶片早枯或落完。
潮湿叶背病斑看,灰白至褐白霉产。
病残带菌越来年,成为翌年侵染源。
风雨传播可蔓延,八九月份较普遍。
严重时候叶落完,光合产物及早减。

【防　治】

阴雨连绵田间看,病叶出现农药选,
多菌灵或速克灵,相互轮换及时喷。
正反叶面都喷全,间隔三天喷两遍。
收获以后清田间,焚烧病残灭菌源。

表 5-2　防治荞麦褐斑病使用药剂

通用名称(商品名称)	剂　型	使用方法
多菌灵	50％可湿性粉剂	病初 800 倍液喷雾
腐霉利(速克灵)	50％可湿性粉剂	病初 1000 倍液喷雾

荞麦叶斑病

【诊　断】

该病主要害叶片,染病叶片细诊断。
染病叶上近圆斑,病斑边缘不明显,
病斑中央灰白颜,四周颜色褐色浅。
整体病斑色灰白,斑上出现黑小粒。
病残带菌越来年,分生孢子可侵染,
风雨传播可蔓延,八月发病较普遍。

【防　治】

收获以后清田间,焚烧病残减菌源。

阴雨连天注意观,发现病叶定方案。

化学防治控蔓延,选准农药是关键。

多菌灵或百菌清,轮换使用速克灵。

表 5-3　防治荞麦叶斑病使用药剂

通用名称(商品名称)	剂　型	使用方法
多菌灵	50%可湿性粉剂	病初 800 倍液喷雾
百菌清	40%悬浮剂	病初 800 倍液喷雾
腐霉利(速克灵)	50%可湿性粉剂	病初 1000 倍液喷雾
多菌灵	50%可湿性粉剂	病初 1000 倍液喷雾

荞麦黑斑病

【诊　断】

黑斑主要害叶片,发病时候叶多看,

病斑色褐有轮纹,褐斑黑斑有时混,

褐斑周围黑斑生,诊断时候要分清。

【防　治】

防治方法要记准,参见粟假黑斑病。

荞麦白霉病

【诊　断】

荞麦白霉叶片染,病初叶面生病斑,

浅绿或黄斑驳见,病斑边缘不明显。

病斑变化有特点,扩展有时叶脉限。

白霉产生叶背面,记清诊断是关键。

病菌南方活终年,风雨传播可转辗,
北方越冬随病残,成为翌年侵染源。
湿度因素最相关,雨水频繁病蔓延。

【防　治】

收获及时清秸秆,病叶枯干远田间。
增施磷肥株体健,合理密植透光线。
多雨年份控病源,化学防治是关键,
百菌清或灭霉灵,腐霉利或好光景,
药量水量说明看,连防三遍效果显。

表 5-4　防治荞麦白霉病使用药剂

通用名称(商品名称)	剂　型	使用方法
福·异菌(灭霉灵)	50%可湿性粉剂	病初 800 倍液喷雾
百菌清	75%可湿性粉剂	病初 800 倍液喷雾
腐霉利(速克灵)	50%可湿性粉剂	病初 2000 倍液喷雾
多·硫(好光景)	40%悬浮剂	病初 600 倍液喷雾

荞麦斑枯病

【诊　断】

病斑圆形至卵圆,淡黄晕圈四周见。
病斑中心灰白颜,褪色部位黑粒点,
斑上轮纹不明显,几种叶病细分辨。
管理粗放草丛生,长势衰弱易发病。

【防　治】

收后及时清病残,运出田外处理完。
配方施肥不偏氮,增施磷钾株体健。

病初及时喷药控,代森锰锌百菌清,
特克多或多菌灵,连喷两遍可控病。

表 5-5　防治荞麦斑枯病使用药剂

通用名称(商品名称)	剂　型	使用方法
代森锰锌	70%可湿性粉剂	病初 500 倍液喷雾
百菌清	75%可湿性粉剂	病初 600 倍液喷雾
噻菌灵(特克多)	40%悬浮剂	病初 1000 倍液喷雾
多菌灵	50%可湿性粉剂	病初 1000 倍液喷雾

荞麦钩翅蛾

【诊　断】

昆虫分类要记牢,鳞翅目的钩蛾科。
陕甘宁省和云南,荞麦产区均发现。
该虫危害食性专,荞叶花果为美餐。
初孵幼虫害嫩叶,食害叶肉表皮在。
受害叶处薄膜状,吐丝卷叶其中藏,
继续受害叶片穿,大发生时产量减。
成虫形态仔细辨,头胸前翅黄色淡,
肾形纹理不明显,黄褐斜线顶角沿。
幼虫体长污白颜,背面淡褐色带宽。
生活习性有特点,叶背成虫把卵产,
初孵幼虫喜群居,活泼好动吐丝垂。
成虫趋光又趋绿,二三龄后假死性。

【防　治】

收后及时把地翻,越冬虫蛹数量减。
趋光假死习性用,捕捉诱杀可防控。

化学防治抓关键,喷药要在三龄前。

Bt 悬剂效果好,敌百虫或除虫脲,

药量水量要算准,放蜂季节用药慎。

表 5-6　防治荞麦钩翅蛾使用药剂

通用名称(商品名称)	剂　型	使用方法
苏芸金杆菌(Bt)	400 单位/微升悬浮剂	三龄前 300～400 倍液喷雾
除虫脲	20％悬浮剂	三龄前 2000 倍液喷雾
敌百虫	90％可溶性粉剂	三龄前 1000 倍液喷雾

六、燕麦病害诊断与防治

燕麦散黑穗病

【诊　断】

南北燕麦都出现,种子传病是重点。
病状花器开始见,病穗种子黑粉满。
灰色薄膜包外面,后期灰膜破裂变,
黑褐孢子粉外散,剩下穗轴光秆秆。
带病种子播田间,播种过深出苗慢,
植株生长病上延,扩展穗及生长点。
孢子萌发幼苗染,病菌侵染长时间。

【防　治】

抗病品种首先选,温烫浸种不可免,
田间抽穗做病检,发现病株连根铲。
药剂拌种最关键,种子药量准确算,
多菌灵或硫黄粉,烯唑醇或三唑酮。

表 6-1　防治燕麦散黑穗病使用药剂

通用名称(商品名称)	剂　型	使用方法
多菌灵	50%可湿性粉剂	按种子重量 0.2%拌种
硫磺	95%粉剂	按种子重量 0.5%拌种
烯唑醇	12.5%拌种剂	对多菌灵产生抗性的,按种子重量 0.5%拌种
三唑酮	15%可湿性粉剂	按种子重量 0.2%拌种

燕麦坚黑穗病

【诊　断】

该病遍布国内外，抽穗时期多危害。
染病种子胚颖毁，内充粉末色褐黑，
污黑包膜坚不破，孢子不破黏结牢，
收时仍呈坚硬块，名称由此原因来。
种子土壤和肥料，厚垣孢子若混合，
二至五年土中活，翌年侵染后传播。
病苗幼苗若侵染，随着株长向上传，
高温高湿病发展，花穗时期病穗见。

【防　治】

轮作倒茬五六年，不种重茬病自减，
药剂拌种最关键，散黑穗病可参看。

燕麦锈病

【诊　断】

该病包括三类型，冠锈秆锈条锈病。
冠锈中后多出现，病生叶片鞘茎秆。
病初叶片仔细看，橙黄椭圆斑可见，
随后病斑逐渐展，稍隆疮疱斑上产。
疮疱破裂孢子散，植株枯黄产量减。
秆锈多在茎秆染，叶片叶鞘病也感，
孢堆好似长椭圆，后期包被破裂完。
流行规律小麦似，海拔升高病推迟。

【防　治】

抗病品种首先选，提前播种病后延。
预测预报不可少，病初病盛准喷药，
乐必耕或戊唑醇，丙环唑或三唑酮，
间隔半月喷一次，连防两遍病可治。

表 6-2　防治燕麦锈病使用药剂

通用名称（商品名称）	剂　型	使用方法
氯苯嘧啶醇（乐必耕）	6％可湿性粉剂	病初和病盛 4000 倍液喷雾
戊唑醇	43％乳油	病初和病盛 5000 倍液喷雾
丙环唑	25％乳油	病初和病盛 4000 倍液喷雾
三唑酮	20％乳油	病初和病盛 4000 倍液喷雾

燕麦炭疽病

【诊　断】

成熟时候多发病，叶片叶鞘茎基生。
叶片染病仔细看，梭形红褐病斑显，
斑上分生孢子盘，形状长而色呈暗，
仔细分辨有特色，很像条锈冬孢堆。
叶鞘茎基病若染，类似症状再细看。
病原禾生炭疽菌，具有寄主专化性。

【防　治】

抗病品种首先选，非禾作物轮三年。
收后及时清病残，犁地深翻灭菌源。
病重地区农药控，阿米西达及时喷，
相互轮换施保功，间隔半月再应用。

表 6-3　防治燕麦炭疽病使用药剂

通用名称(商品名称)	剂　型	使用方法
嘧菌酯(阿米西达)	25%悬浮剂	1500 倍液喷雾
咪鲜胺锰盐(施保功)	50%可湿性粉剂	1500 倍液喷雾

燕麦叶斑病

【诊　断】

又称条纹叶枯病,燕麦产区均发生。

主害叶鞘和叶片,水浸灰绿病斑显,

渐变浅褐至红褐,病斑边缘呈紫色。

病斑四周黄晕圈,不规条斑渐渐展。

严重病斑合成片,叶尖向下渐枯干。

南方常与锈病混,产量损失很严重。

云南贵州菌越冬,翌年春天可入侵,

温低湿高苗易病,天气潮湿易流行。

【防　治】

收后及时清病残,轮作倒茬病可减。

防病时候要三看,看天看叶看田间,

病初喷洒百菌清,轮换使用好光景,

防霉宝粉效果显,间隔七天防两遍。

表 6-4　防治燕麦叶斑病使用药剂

通用名称(商品名称)	剂　型	使用方法
多菌灵盐酸盐(防霉宝)	60%可溶性粉剂	病初 600 倍液喷雾
百菌清	75%可湿性粉剂	病初 800 倍液喷雾
多·硫(好光景)	40%悬浮剂	病初 500～600 倍液喷雾防治

燕麦叶枯病

【诊　断】

为害叶片最主要,有时也害颖和鞘。

诊断首先看叶片,黄至黄褐病斑产。

病斑边缘不明显,四周略黄褐中间。

病斑多时叶态变,叶尖逐渐向下干。

该病多从下叶见,逐渐向上再扩展。

叶鞘染病再细检,病症多似病叶片。

【防　治】

非禾作物轮三年,千方百计减菌源。

收获及时清田园,枯茎病叶远离田。

病初时候田间观,喷药要在雨天前。

代森锰锌咯菌腈,噁霉福或三唑醇。

药量水量剂量算,严格浓度莫错乱。

表 6-5　防治燕麦叶枯病使用药剂

通用名称(商品名称)	剂　型	使用方法
代森锰锌	70%可溶性粉剂	病初 1000 倍液喷雾
咯菌腈	2.5%悬浮剂	病初 1000 倍液喷雾
噁霉·福	54.5%可湿性粉剂	病初 700 倍液喷雾
三唑醇	15%可湿性粉剂	病初 2000 倍液喷雾防治

燕麦细菌性条斑病

【诊　断】

又称细菌条纹病,叶片叶鞘均发生。

染病部位细诊断,颜色形状都要看。

浅褐红褐条形斑,沿着叶脉可扩展。

由此才把此名唤,这个特点记心间。

病残带菌越来年,成为翌年侵染源。

【防　治】

抗病品种注意选,配方施肥不偏氮。

病初喷药是时间,药量水量剂量算,

病原分类属细菌,选择农药一定准。

噻菌铜或加瑞农,松脂酸铜轮换用。

表 6-6　防治燕麦细菌性条斑病使用药剂

通用名称(商品名称)	剂　　型	使用方法
噻菌铜	20%悬浮剂	病初 500 倍液喷雾
春雷·王铜(加瑞农)	47%可湿性粉剂	病初 800 倍液喷雾
松脂酸铜	12%乳油	病初 600 倍液喷雾

燕麦红叶病

【诊　断】

红叶病害很普遍,燕麦区域都危害。

诊断时候植株看,上部叶片症先显,

染病叶片有特点,害自叶尖和叶缘,

红或紫红颜色产,逐渐向下可扩展,

红绿相间条纹斑,病叶状态厚硬变。

后期叶片再细观,橘红颜色出叶面,

病株矮化也出现,流行蔓延产大减。

【防　治】

蚜虫传毒主来源,防治蚜虫是关键。

播前预防药选准,抗蚜威液把种浸[①],

浸后晾干后播种,简便易行可防控。

燕麦冠锈病

【防　治】

燕锈病害真菌染,燕麦产区最常见。

危害植物有好多,禾本杂草野青茅。

叶鞘茎秆病均感,病初叶面仔细看,

叶子两面出病斑,病斑橙黄形椭圆,

病斑扩大呈疮疱,孢子在内皮裂破,

黄粉病菌出飞散,夏孢周围圈黑点。

【防　治】

生理小种有许多,抗病品种选最好。

防治农药认真选,小麦锈病方法看。

---

①用1千克药对水10升喷拌种子1 000千克,晾干后播种。

七、高粱病虫害诊断与防治

高粱立枯病

【诊　断】

立枯苗期常出现,二至三叶病症显,
根部红褐生长慢,严重幼苗枯萎干,
缺苗断垄密度减,后期为害根腐烂。
病菌土中可存活,多雨地区可传播。

【防　治】

大水漫灌要避免,雨后积水要排完。
地膜覆盖增地温,包衣种子要应用。
化学防治好药选,喷雾浇灌两齐全,
爱苗乳油苯噻氰,恶甲水剂噁霉灵。
药量水量要算准,过高过低都不行。

表 7-1　防治高粱立枯病使用药剂

通用名称(商品名称)	剂　型	使用方法
苯甲·丙环唑(爱苗)	30%乳油	病初 1000 倍液浇灌或喷淋
苯噻氰	30%乳油	病初 3000 倍液浇灌或喷淋
恶·甲	3.2%水剂	病初 700 倍液浇灌或喷淋
噁霉灵	15%水剂	1000～1500 倍液浇灌或喷淋

高粱炭疽病

【诊　断】

苗期成株均可染,高粱产区均发现。

苗期染病害叶片,导致死苗叶枯干。

叶片染病梭形斑,中间红褐紫边缘,

病斑密集小黑点,病菌分生孢子盘。

多从叶片顶端见,严重病变满叶片。

叶鞘染病椭圆斑,后期密生小黑点。

幼嫩穗颈病若感,受害位成大病斑,

斑上也生小黑点,容易造成病穗断。

菌伴种子和病残,越冬翌年再侵染,

气流传播能蔓延,多雨年份病普遍。

【防　治】

收获及时清田间,集中病残行深翻。

轮作倒茬菌源减,配方施肥不偏氮。

抗病品种常示范,感病品种一定换。

拌种喷雾两齐全,选好农药喷病田,

福美双或多菌灵,醚菌酯或丙森锌,

代森联或福异菌,相互轮换喷均匀。

表 7-2　防治高粱炭疽病使用药剂

通用名称(商品名称)	剂　型	使用方法
福美双	50%可湿性粉剂	用种子重量 0.5%的药剂拌种
多菌灵	50%可湿性粉剂	用种子重量 0.5%的药剂拌种
醚菌酯	50%干悬浮剂	病田 3000 倍液喷洒

通用名称(商品名称)	剂 型	使用方法
丙森锌	70%可湿性粉剂	病田 700 倍液喷洒
代森联	70%干悬浮剂	病田 500 倍液喷洒
福·异菌	50%可湿性粉剂	病田 800 倍液喷洒

高粱大斑病

【诊　断】

该病主要害叶片,长梭病斑叶上显,

病斑中央褐色浅,紫红颜色出边缘。

不规轮纹早期见,雨季黑霉叶两面。

植株下叶向上延,雨季病斑迅速展,

融合大斑叶片干,光合产物大幅减。

病菌越冬翌年侵,常温多雨易流行。

【防　治】

抗病品种首先选,适时秋翻埋病残。

施足基肥增磷钾,增强抗性防病发。

收后清洁高粱田,秸秆集中处理完。

氧化亚铜咯菌腈,嘧菌酯剂多福锌。

流行初期喷叶面,间隔十天防三遍。

表 7-3　防治高粱大斑病使用药剂

通用名称(商品名称)	剂 型	使用方法
氧化亚铜	86.2%可湿性粉剂	病初 1500 倍液喷雾
咯菌腈	2.5%悬浮剂	病初 1000 倍液喷雾
嘧菌酯	25%悬浮剂	病初 1500 倍液喷雾
多·福锌	80%可湿性粉剂	病初 700 倍液喷洒

高粱轮纹病

【诊　断】

主害叶鞘和叶片,病初叶片仔细看,
小型红褐水浸斑,后沿叶脉平行展。
同心轮纹可呈现,又转黄褐深红颜。
病染叶缘有特点,病斑呈现半椭圆,
轮纹明显呈条圈,湿大病症病斑显,
红或紫色黏物产,严重斑合叶枯干。
有的品种无轮纹,诊断时候注意分。
多雨年份病普遍,流行为害产量减。

【防　治】

综合防治方法全,高粱炭疽具体看。

高粱北方炭疽病

【诊　断】

又称高粱眼斑病,东北华北均发生。
叶片叶鞘病若染,紫红小斑初始显,
后期斑中灰白颜,严重叶片布满斑,
火红颜色显叶片,迅速干枯损失惨。
有些品种另有样,病斑椭圆梭形状[1]。

【防　治】

适宜抗病品种选,种子处理首当先,
收获及时清秸秆,及时深翻灭菌源。
喷药防治抓时间,高粱炭疽方法看。

---

[1]病斑椭圆发展到梭形状态。

高粱紫斑病

【诊　断】

叶片染病仔细看,椭圆长圆紫红斑,
病斑边缘不明显,有时淡紫晕圈产。
叶上病斑数不等,湿大斑背灰霉生。
叶鞘染病大病斑,紫红颜色形椭圆,
病斑边缘不明显,有的淡紫晕圈见,
病斑背面再诊断,霉层一般不出现。
病株残体病菌伴,成为翌年侵染源。
气传重复可侵染,蔓延为害产量减。

【防　治】

综合防治方法全,高粱炭疽可参见。

高粱条斑病

【诊　断】

该病又名条纹病,叶片部位主发生,
叶片染病仔细诊,病斑梭形长圆形。
斑中灰至褐色浅,紫红颜色显边缘,
有的病斑具特点,周围出现黄晕圈。
病斑两面初始看,大量灰霉层可见。
后期霉层消失掉,出现黑粒小菌核。
病情严重病斑变,病斑融合长条斑。
下部叶片先发病,风雨传播多次侵,
气温较低雨量多,条纹病害发病早。

【防　治】

抗病品种认真选,轮作倒茬减菌源。

收后病残要深翻,越冬菌源大量减。

习惯施肥变配方,植株抗病力增强。

化学防治先拌种,病初选药可喷雾,

福异菌或多菌灵,叶霉舒或施美清。

轮换使用好效应,防治次数视病情。

表 7-4　防治高粱条斑病使用药剂

通用名称(商品名称)	剂　型	使用方法
福异菌	50%可湿性粉剂	病初 600 倍液喷雾
多菌灵	50%可湿性粉剂	按种子重量 0.5%拌种
甲硫·霉威(叶霉舒)	50%可湿性粉剂	病初 800 倍液喷雾
多·霉威(施美清)	50%可湿性粉剂	病初 800 倍液喷洒

高粱黑点病

【诊　断】

又名高粱紫轮病,叶片叶鞘病主生。

叶片染病有特点,病斑短圆至椭圆,

病斑中央紫色浅,四周呈现紫红颜。

病斑多生叶脉间,有时叶背灰霉见,

后期霉层不明显,黑色菌核有时产。

严重斑融成云形,布满叶片叶早枯。

【防　治】

综合防治方法全,高粱条斑病参看。

高粱黑束病

【诊　断】

又名高粱维管病,病初叶片显病症,

叶脉产生褐条斑,病斑变化再细看,
沿着主脉两侧变,坏死大斑又呈现,
叶片叶鞘紫色变,严重叶片呈枯干。
病害若要确诊断,解剖茎秆是关键,
横剖病茎看维管,导管变褐是特点,
纵剖维管仔细看,自下而上黑褐颜,
严重病株呈早枯,不抽穗来不结实。
种子土壤带病菌,主根侵染维管病。
病原分类属真菌,为害寄主好多种。

【防　治】

轮作倒茬最关键,土壤处理克菌丹,
药剂拌种多菌灵,噻呋酰胺液灌根。

表 7-5　防治高粱黑束病使用药剂

通用名称(商品名称)	剂　型	使用方法
克菌丹	50％可湿性粉剂	每 667 米^{2}1～5 千克撒于垄上与土壤混合
多菌灵	50％可湿性粉剂	用种子重量 0.5％的药剂拌种
噻呋酰胺	240 克/升悬浮剂	用 50 毫升对水 45 升病初灌根

高粱斑点病

【诊　断】

该病又称叶点病,全株各部均发生。
叶片如果染病害,病斑形状不规则,
长至梭形或半圆,颜色黄褐至灰褐。

叶缘叶尖常出斑,叶面穗部有时见,
红紫斑缘可出现,造成旗叶可折断。
病斑融合后叶干,可见黑色小粒点。
北京山西内蒙古,东北西北均分布。

【防　治】

收获及时清病残,防止田间积病源,
试验示范田间看,抗病品种多筛选。
化学农药可控病,扑海因或多菌灵,
代森锰锌互轮换,药量水量准确算。

表 7-6　防治高粱斑点病使用药剂

通用名称(商品名称)	剂　型	使用方法
多菌灵	36%悬浮剂	病初 600 倍液喷雾
异菌脲(扑海因)	50%可湿性粉剂	病初 1000 倍液喷雾
代森锰锌	80%可湿性粉剂	病初 600 倍液喷雾

高粱锈病

【诊　断】

病初叶片上细看,红紫浅褐斑点见,
后随病原菌扩展,斑点扩大病症显,
椭圆孢堆叶面隆,破裂露出半褐粉。
后期形成冬孢堆,外观明显颜色黑。
病残土壤带病菌,冬孢形式来越冬。

【防　治】

化学防治是关键,玉米锈病可参看。

高粱纹枯病

【诊　断】

北方地区多发生,杂交高粱较严重。

该病主要害叶鞘,病后近地茎秆瞧,

水浸病状可出现,紫红灰白斑相间。

后期若遇多雨天,病部褐色菌核产。

也可蔓延株顶端,感染扩展害叶片。

茎基叶鞘病若染,初生白绿水浸斑,

扩大病斑成椭圆,四周褐色中间浅。

叶片染病细诊断,灰绿灰白云斑显,

多数病斑融合变,合成虎斑叶枯干。

湿大叶鞘长白菌,黑褐菌核有时生。

【防　治】

综合防治方法全,玉米纹枯具体看。

高粱链格孢叶斑病

【诊　断】

叶片染病仔细看,大小不规病斑见,

病斑边缘紫红颜,浅褐颜色中间显,

放大时候再细辨,稀疏黑色霉屋产。

病重植株提前枯,防治不力难弥补。

【防　治】

抗病品种首先选,配方施肥株体健。

化学防治是关键,喷雾拌种两齐全,

醚菌酯或扑海因,福异菌或百菌清。

掌握时间用轮换,间隔七天喷三遍。

表 7-7　防治高粱链格孢叶斑病使用药剂

通用名称(商品名称)	剂　型	使用方法
醚菌酯	50%干悬浮剂	病初 3000 倍液喷雾
异菌脲(扑海因)	50%可湿性粉剂	1000 倍液喷雾
福·异菌	50%可湿性粉剂	800 倍液喷雾
百菌清	75%可湿性粉剂	600 倍液喷雾

高粱炭腐病

【诊　断】

生育时期均感病,各个产区都发生。
根部染病仔细看,初呈水浸后黑变,
内部组织崩溃完,皮层腐烂侧根延。
茎秆染病仔细瞧,穗小粒秕成熟早,
遇风茎秆容易倒,秆内组织崩解消,
残存维管可看见,大量黑色菌核产。
菌丝菌核随病残,土壤越冬到来年,
孢子萌发初侵染,风雨传播多次传,
高温多湿地低洼,土壤湿大病易发。

【防　治】

收后及时清病残,集中深埋焚烧完。
轮作倒茬环境变,配方施肥株体健。
化学防治药选准,代森锰锌病初喷,
DT 湿粉互轮换,间隔十天喷三遍。

表 7-8　防治高粱炭腐病使用药剂

通用名称(商品名称)	剂 型	使用方法
代森锰锌	80%可湿性粉剂	病初 600 倍液喷雾
琥胶肥酸铜(DT)	30%悬浮剂	病初 500 倍液喷雾

高粱丝黑穗病

【诊　断】

发病初期穗苞紧,下部膨大旗叶挺,
剥开可见白棒物,苞叶之内乌米小,
逐渐长大中间膨,形似圆柱较坚硬。
发育过程乌米变,内部由白向黑转,
开裂伸长苞叶外,覆盖白膜也破裂。
黑粉丝物露出来,抓住特点好区别。
叶片如果把病染,形成红紫条状斑,
长梭条斑后扩展,后期条斑破裂见,
黑色孢堆斑上显,孢子数量少量产。
种子带菌主原因,属于系统侵染病。

【防　治】

抗病品种首当先,轮作倒茬病害减。
发现病株清除完,运出田外不传染。
收后及时清病残,秋季深翻灭菌源。
适期播种不过早,地膜覆盖早出苗。
防病关键药拌种,烯唑醇或戊唑醇,
种量药量仔细算,严格浓度药害免。

表 7-9　防治高粱丝黑穗病使用药剂

通用名称(商品名称)	剂　　型	使用方法
烯唑醇	5%拌种剂	用药 15～20 克拌 100 千克种子
戊唑醇	2%湿拌种剂	用药 30～60 克拌 100 千克种子

高粱散黑穗病

【诊　断】

叶片略窄茎较细,植株稍矮早抽穗。
花器多被破坏完,子房黑粉被充满。
病粒破裂以前看,灰白薄膜裹外面,
孢子成熟膜破裂,黑粉散出柱露外,
芽期侵入系统染,种子土壤均可传。
土温偏低播种早,种子土中时间超,
发芽出苗长时间,机会增多易侵染。

【防　治】

综合防治措施全,丝黑穗病方法看。

高粱坚黑粉病

【诊　断】

穗期显症病株矮,病染穗部子房害。
穗粒变成黑灰包,外膜坚硬多不破,
病粒受压黑粉散,短直中轴留中间。
又称坚粒黑穗病,高粱产区均可见。

综合防治措施全,丝黑穗病方法看。

高粱长粒黑穗病

【诊　断】

为害穗部仔细看,几个小穗只侵染。
染病小穗再细辨,子房侵染病症显,
长圆曲角孢堆产,灰白颜色初始见。
冬孢成熟病症变,孢堆外膜破顶端,
黑粉状物向外散,中柱不见维管残。
带菌种子土越冬,侵染途径尚不明。

【防　治】

该病研究较肤浅,防治方法不全面,
综合防治效果显,化学农药把种拌,
丝黑穗病方法看,先试验而后示范。

高粱花黑粉病

【诊　断】

全田穗部注意看,中下小穗只侵染。
病穗子房全部变,冬孢黑粉随出现,
病初孢堆有特点,浅褐色膜包外面。
孢子成熟外形观,黑褐深褐颜色显。
后期孢堆外膜裂,露出黑粉不散开。
病粒好粒差异小,病粒僵硬仔细看。
侵染途径尚不清,花期接种可发病。
花器局部可侵染,侵染发病在当年。

【防　治】

长粒黑穗病参看,防治方法再调研。

高粱青霉颖枯病

【诊　断】

该病主要穗部染,灌浆初期病始见。
病初颖壳绿褐变,胚轴变灰又变暗。
颖壳枝梗连接点,细看颜色红至暗。
随后坏死又枯干,籽粒秕瘦很难看,
籽粒色暗皱缩显,品质低劣产量减。
枝梗上面再诊断,不规红斑又出现,
轻则穗部病一半,严重整穗发病完。

【防　治】

抗病品种首当先,收后及时清病残。
初花时间农药喷,噻菌灵或施保功,
苯噻氰或福异菌,药量水量要对准。

表 7-10　防治高粱青霉颖枯病使用药剂

通用名称(商品名称)	剂　型	使用方法
噻菌灵	45%悬浮剂	病初 800 倍液喷雾
咪鲜胺·锰盐(施保功)	50%可湿性粉剂	病初 500 倍液喷雾
福·异菌	50%可湿性粉剂	病初 800 倍液喷雾
苯噻氰	30%乳油	病初 1000 倍液喷雾

高粱镰刀穗腐病

【诊　断】

该病又称粉腐病,花序籽粒病均生。

花序染病抽穗前,受害花序谷粒变,
白粉菌丝盖籽面,菌丝上面霉物产。
抽穗以后病若染,造成白穗易出现。
叶片染病仔细看,褐至紫红病斑显。
严重叶片呈萎蔫,粉红霉层表面见。
茎秆如果把病感,查检茎基三节间,
病重导致株萎蔫,遇风茎从害部断。
花开以后病发生,连续阴天发病重。

【防　治】

收后及时清病残,深翻压埋菌源减。
喷药防治开花前,青霉颖枯病参看。

高粱顶腐病

【诊　断】

苗期成株病均染,不同部位不同点[①]。
病染植株顶叶片,失绿畸形扭曲变,
刀切缺刻出边缘,这个病态仔细辨。
病叶上面生褐斑,严重顶部叶尖烂。
后期叶片呈小短,剩下叶基撕裂残。
有些品种有特点,病株顶叶扭裹卷,
长鞭弯垂状出现,这个特征记心间。
叶鞘茎秆病若感,叶鞘干枯茎变软。
染病穗小小花败,严重整穗实不结,
主穗染病如果早,侧枝发育穗头多,
分蘖穗子难发育,湿时病部粉霉出。

---

① 植株不同部位的病状有不同特点。

病残伴菌能越冬,翌年侵染入苗中。

【防　治】

收后及时把地翻,轮作倒茬三四年。

病重地区喷农药,多菌灵或防霉宝,

多霉威粉病可控,相互轮换好作用。

表 7-11　防治高粱顶腐病使用药剂

通用名称(商品名称)	剂　型	使用方法
多菌灵	50%可湿性粉剂	病初 600 倍液喷雾
多菌灵·盐酸盐(防霉宝)	50%可湿性粉剂	病初 500 倍液喷雾
多·霉威	50%可湿性粉剂	病初 800 倍液喷雾

高粱霜霉病

【诊　断】

高粱霜霉多害叶,掌握特点细辨别。

苗期染病叶上看,浅黄白区叶上显,

湿大叶背白霉生,随后叶片变病症,

绿白条纹呈平行,后出浅红褐条纹,

褪绿脉间组织变,坏死病斑破叶片。

苗期染病植株矮,开花结实前死衰,

存活下来开花难,后其开花产锐减。

有些病株呈丛生,很像玉米疯顶症。

该病组织不畸形,能与疯顶分得清。

病原分类卵菌门,卵孢越冬土壤中。

【防　治】

抗病品种首先选,收获以后清病残,

田间病株若发现,集中烧毁无后患。

易发病区大轮作,调整结构改作物。

病重地区农药控,安克灭克轮换用。

药量水量准确算,间隔七天喷三遍。

表 7-12　防治高粱霜霉病使用药剂

通用名称(商品名称)	剂　型	使用方法
烯酰·锰锌(安克)	69%可湿性粉剂	病初 700 倍液喷雾
氟吗·锰锌(灭克)	60%可湿性粉剂	病初 700 倍液喷雾

高粱细菌性条纹病

【诊　断】

主害叶片和叶鞘,诊断时候仔细瞧。

病斑沿着叶脉展,浅红浅紫条纹显,

斑多时成红大斑,导致病叶变红干。

少数品种斑褐黄,不呈水浸斑发亮。

【防　治】

收后及时清田园,病残集中减菌源。

发现病叶及时剪,带出田外防传染。

病重田块喷农药,噻菌铜或叶枯唑。

药量水量要对准,仔细周到喷均匀。

表 7-13　防治高粱细菌性条纹病使用药剂

通用名称(商品名称)	剂　型	使用方法
噻菌铜	20%悬浮剂	500 倍液喷雾
叶枯唑	20%可湿性粉剂	800 倍液喷雾

高粱细菌性斑点病

【诊　断】

叶片染病仔细看,病斑形圆至椭圆。
初呈暗绿水浸状,随后病斑色变样,
中央变浅红边缘,周围还有黄晕圈。
湿大菌脓溢斑上,干燥后呈薄膜状。
风雨昆虫可传播,潮湿天气利于病。

【防　治】

防治方法较简单,高粱细菌条纹看。

高粱矮花叶病

【诊　断】

该病又名红条病,全生育期均发生。
田间症状分三种,花叶坏死混合型。
花叶病型看叶片,害叶褪色显条斑,
黄绿分明细分辨,顺着叶片侧脉延。
出现褪绿小条点,后成条斑断续线。
后随病斑再扩展,病叶淡绿颜色显,
夹杂深绿色块斑,斑驳花叶不红变。
坏死病型仔细分,上述条纹色变红,
褪绿红条斑融合,红条失水枯死掉。
混合类型仔细诊,红枯条斑心叶见,
有时扩展枯条斑,病株矮化或死干。
麦二叉蚜和桃蚜,传播病毒引毒发。

【防　治】

建立无病留种田,防止种子带毒源。

抗病品种首当先,杂交高粱品种选。

间苗定苗田间观,发现病株及时铲。

蚜虫危害及时防,选好农药效果强。

抗蚜威或大功臣,抗毒剂水交替喷。

表 7-14　防治高粱矮花叶病使用药剂

通用名称(商品名称)	剂　型	使用方法
抗蚜威	50%可湿性粉剂	2000 倍液喷雾
吡虫啉(大功臣)	10%可湿性粉剂	2000 倍液喷雾
菇类蛋白多糖(抗毒剂 1 号)	0.5%水剂	每 667 米² 用 200 克对水 45 升,间隔 10 天连喷 2~3 遍

高粱花叶病

【诊　断】

诊断时候叶片看,浅绿病斑可出现,

不规卵圆至长圆,病斑中脉平行展,

但是不受叶脉限,新叶发病很明显。

传毒介体主蚜虫,毒蚜数多病害重。

【防　治】

防病关键防蚜虫,具体参看红条病。

高粱缺素症

【缺　氮】

缺氮植株生长慢,茎秆细弱窄叶片,

叶色发黄株瘦弱,生育延迟穗粒小。

【缺　磷】

缺磷植株叶变窄,叶片颜色变绿色。

着花减少开花晚,根系不好根少短,
植株生长可变慢,造成贪青成熟延。

【缺　钾】

缺钾叶中色绿暗,问题出在叶尖缘,
黄化坏死叶边见,病健交界很明显。
叶片褶皱呈曲弯,这个特点记心间。

【缺　锰】

缺锰植株生长慢,失绿症状很明显,
叶片叶脉间细看,红褐色素带出现。

【缺　硫】

缺硫叶脉间变黄,晚秋茎基部变红,
多沿叶脉渐扩展,展至整个病叶片。

【缺　铁】

缺铁新叶嫩叶看,缺绿症状是特点,
下部叶片棕色变,茎秆叶鞘红紫颜。

【防　治】

配方施肥最关键,测土化验养分检。
缺啥补啥养分全,缺素症状少出现。
缺素症状严重田,增施农肥首当先,
氮磷钾肥施田间,微量元素喷叶面。

高粱药害

【诊　断】

高粱敏感农药多,各个药名要记牢,
辛硫磷和敌百虫,杀螟丹和杀螟松,
2,4-D 和敌敌畏,高粱喷雾要禁忌。
喷洒叶片褐斑产,迅速扩大融大斑,

导致全叶焦枯变,全田好似火烧完。

【防　治】

药害以后抢时间,水洗叶面两三遍。

高粱瘿蚊

【诊　断】

昆虫分类要记牢,双翅目的瘿蚊科。

寄主植物有好多,高粱作物苏丹草。

幼虫危害蛀花器,取食以后不发育,

严重果实呈干瘪,危害蔓延无收益。

【防　治】

检疫对象已确定,疫区严禁把种引。

溴氰菊酯吡虫啉,发现害虫轮换喷。

表 7-15　防治高粱瘿蚊使用药剂

通用名称(商品名称)	剂　型	使用方法
溴氰菊酯	2.5%乳油	幼虫蛀入前 3000 倍液喷雾
吡虫啉(大功臣)	10%可湿性粉剂	幼虫蛀入前 2000 倍液喷雾

高粱苣蝇

【诊　断】

昆虫分类要记住,属于蝇科双翅目。

俗称高粱蛀秆蝇,华南西南均发生。

初孵幼虫钻心叶,生长点处取食害,

苗心枯而株变衰,严重穗畸产量绝。

防治注意抢时间,喷药幼虫侵入前。

敌杀死或灭蝇胺,氰戊菊酯可轮换,

高粱用药莫错乱,用错药物药害产。

表 7-16　防治高粱苦蝇使用药剂

通用名称(商品名称)	剂　型	使用方法
溴氰菊酯(敌杀死)	2.5%乳油	幼虫蛀入前 3000 倍液喷雾
灭蝇·杀单(灭蝇胺)	10%可湿性粉剂	幼虫蛀入前 1000 倍液喷雾
氰戊菊酯	20%乳油	幼虫蛀入前 3000 倍液喷雾

高粱根蚜(榆四脉棉蚜)

【诊　断】

昆虫分类要记牢,同翅目的棉蚜科。
谷榆蚜名是别称,分布内蒙陕甘宁。
寄主植物有好多,糜谷高粱禾本科。
高粱玉米根部害,植株黄化变早衰。
为害榆树很特别,袋瘿竖立在树叶[1]。
无翅孤雌形椭圆,体被放射蜡质绵。
体色呈现好多样,灰色或紫或杏黄。
有翅孤雌头胸黑,腹部灰褐至绿灰。
虫卵形似长椭圆,初呈黄色后黑变。
榆树皮缝卵越冬,春季移入高粱根。

【防　治】

生态防治不放松,保护瓢虫食蚜蝇。
乐果配对氯化铵,防治根蚜把根灌。
化学农药吡虫啉,科学配对浇灌根。
药量水量要算准,药害农药不能喷。

---

[1]　袋状的虫瘿竖立在受害的叶上。

敌敌畏和敌百虫，还有乳油杀螟松，

这三种药高粱禁，否则便会药害生。

表 7-17　防治高粱根蚜使用药剂

通用名称（商品名称）	剂　型	使用方法
乐果	40%乳油	用1千克加氯化铵25千克，对水500升浇淋根部
吡虫啉	10%可湿性粉剂	2000倍液灌根

高 粱 蚜

【诊　断】

昆虫分类要记牢，属于蚜科同翅目。

甘蔗黄蚜是别称，高粱产区均发生。

寄主植物记心上，南部甘蔗北高粱。

成若虫态均危害，聚集叶背吸汁液，

大量蜜露排叶上，滴落茎叶油光亮，

寄主养分大量耗，影响光合产量少。

轻者时红重叶枯，不耐抽穗穗粒空。

玉米高粱两蚜分，危害部位有侧重，

高粱蚜害在叶背，玉米蚜害心叶穗。

【防　治】

高粱大豆间套种，蚜虫危害能减轻。

农业防治放在先，高粱套在小麦田。

麦后天敌可移迁，控制为害效果显。

化学防治很关键，拌种喷雾两齐全，

乐果乳油异丙磷，抗蚜威或吡虫啉，

药量水量种量算，配对时候莫错乱。

表 7-18　防治高粱蚜使用药剂

通用名称(商品名称)	剂　型	使用方法
乐果	40%乳油	点片发生时 1000 倍液喷雾
吡虫啉	70%拌种剂	用 700 克对水 1.5 升拌成糊状,与 100 千克种子搅拌均匀,闷 1～2 天播种
抗蚜威	50%可湿性粉剂	点片发生时 3000 倍液喷叶背
异丙磷	50%乳油	点片发生时用 50 毫升拌潮湿细土 10 千克,隔 5 垄撒施一畦

高粱穗隐斑螟

【诊　断】

昆虫分类要记牢,鳞翅目的螟蛾科。

高粱穗虫是别名,黄淮平原多发生。

成虫为害有特点,卵产高粱小穗间,

幼虫穗上结成网,食害嫩穗少产量。

老熟幼虫有特点,穗茎叶鞘处结茧,

越冬翌年羽化变,三个世代害同年。

【防　治】

化学防治药选好,开花乳熟喷农药。

氯氰菊酯乐斯本,科学配对适时喷。

表 7-19　防治高粱穗隐斑螟使用药剂

通用名称(商品名称)	剂　型	使用方法
氯氰菊酯	20%乳油	1500 倍液喷雾
毒死蜱(乐斯本)	48%乳油	1000 倍液喷雾

高粱长椿象

【诊　断】

昆虫分类要记牢,半翅目的长蝽科。

又称高粱狭长蝽,分布全国好多省。

寄主植物有许多,高粱小麦和水稻。

成若虫态均危害,刺吸寄主叶片液,

严重叶片枯黄变,植物生长很缓慢。

成虫体黑长方形,末端钝圆头黑棱。

前翅革质有斑纹,后翅膜质显透明。

虫卵长似香蕉状,初显乳白后橙黄。

成虫越冬有场所,地下残茎秆叶鞘。

【防　治】

成若害虫为害初,选好农药来喷雾。

三唑磷或大功臣,认真周到仔细喷。

表 7-20　防治高粱长椿象使用药剂

通用名称(商品名称)	剂　型	使用方法
三唑磷	42%乳油	初期 2000 倍液喷雾
吡虫啉(大功臣)	10%可湿性粉剂	初期 1000 倍液喷雾

八、黍、稷(糜子)病虫害诊断与防治

黍、稷(糜子)丝黑穗病

【诊　断】

俗称灰穗火穗病,北方产区均发生。
糜子花序主为害,抽穗以前难识别,
抽穗前后田间看,穗抽之后病症显,
病株抽出较缓慢,整个穗子黑成团。
苞叶抽出孢子堆,小穗均已变成黑。
染病植株成病瘿,乳白薄膜包外层,
薄膜破裂孢子散,颜色黑褐丝物残。
种子土壤把菌传,越冬翌年芽鞘染。

【防　治】

无病田间把种选,单收挂藏菌不染。
抗病品种首当先,发现病株及时铲。
种子处理第一关,三唑酮把种子拌。

表 8-1　防治黍、稷丝黑穗病使用药剂

通用名称(商品名称)	剂　型	使用方法
三唑酮	25%可湿性粉剂	用 3～5 克药拌种 10 千克

黍、稷(糜子)斑点病

斑点主要害叶片,病斑外形呈椭圆,
中间淡褐褐边缘,上面可生小黑点。

病原高粱叶点霉,半知菌类的真菌。

【防　治】

病重地区农药选,高粱叶点病参看。

黍、稷(糜子)灰斑病

【诊　断】

该病主要害叶片,病斑梭形或椭圆,
病斑产生叶脉间,中央灰褐边缘暗,
有时斑块暗绿变,灰黑霉层上面产。
多雨雾大利流行,偏施氮肥发病重。

【防　治】

实行轮作加强管,病初确诊好药选。
多霉威或多菌灵,还有甲基托布津。
药量水量准确算,间隔七天防两遍。

表 8-2　防治黍、稷灰斑病使用药剂

通用名称(商品名称)	剂　型	使用方法
多·霉威	50%可湿性粉剂	病初 800 倍液喷雾
多菌灵	50%可湿性粉剂	病初 600 倍液喷雾
甲基硫菌灵(甲基托布津)	70%可湿性粉剂	病初 500 倍液喷雾

黍、稷(糜子)红叶病

【诊　断】

植株红化或黄化,影响结实减产量。
致病病原属病毒,北方糜区常发生。
苗期染病看仔细,轻者异常重枯死。

抽穗前后病若染,植株紫红颜色显,
植株矮化穗茎短,整穗小穗籽不全。
该病病源属病毒,八种蚜虫把毒传。
縻田附近杂草多,如果带毒均是祸。

【防　治】

禾本杂草彻底铲,抗病品种首先选。
治病防蚜是关键,蚜虫杀灭病定减。
克毒灵或克毒星,轮换喷施好效应。

表 8-3　防治黍、稷红叶病使用药剂

通用名称(商品名称)	剂　型	使用方法
菌毒啉(克毒灵)	7.5%水剂	病初 500 倍液喷雾
吗啉胍·乙铜(克毒星)	20%可湿性粉剂	病初 500 倍液喷雾

黍、稷(縻子)纹枯病

【诊　断】

症状诊断谷子见,防治方法亦参看。

縻子吸浆虫

【诊　断】

昆虫分类要记牢,双翅目的瘿蚊科。
分布陕甘东三省,縻子稗草是寄主。
幼虫为害蛀花器,不能授粉难发育,
受害穗颖呈灰白,形成谷壳籽粒秕。
成虫颜色呈暗红,幼虫橘红形似蛆。
成虫习性莫忘掉,短短飞行不活泼。
老幼虫伴縻子壳,结茧越冬再传播。

【防　治】

播前一定把籽选，淘汰秕籽少虫源。

适时早播不偏晚，危害时期可避免。

成虫羽化产卵前，喷施农药是时间，

敌敌畏和敌百虫，对准药量轮换用。

表 8-4　防治穈子吸浆虫使用药剂

通用名称（商品名称）	剂　型	使用方法
敌敌畏	80％乳油	成虫产卵前 1000 倍液喷雾
敌百虫	20％粉剂	成虫产卵前每 667 米² 喷施 1.5 千克

九、粟(谷子)病虫害诊断与防治

粟(谷子)苗枯病

【诊　断】

侵染植株幼苗根,三至四叶多发生。
发病初期苗黄变,根部变褐后萎蔫,
严重缺苗把垄断,土壤带菌病侵染。
苗期多雨气温低,地势低洼生病易。

【防　治】

轮作倒茬在三年,药剂拌种最关键。
具体方法不细说,谷子白发照着做。

粟(谷子)白发病

【诊　断】

该病名称有好多,灰背枪杆看谷老。
系统侵染是特点,发芽抽穗陆续显。
种子带菌幼芽染,变色扭曲死亡见。
病染二叶至穗前,黄绿颜色显正面,
微黄条纹可出现,随后形成病枯斑。
出穗以前株顶看,丛生二至三叶片,
全叶或尖显黄白,七至十天变褐色,
病叶不展呈枪杆,严重扭曲很难看,
丝状纵裂叶片烂,黄褐粉末大量散,
剩余叶脉灰白卷,形似白发是特点。

穗期染病再诊断,病穗肥肿呈缩短,

严重全穗蓬松乱,形似刺猬很难看,

初始红或绿色颜,后破大量卵孢产。

生粪种子病菌伴,白发病害初染源,

低温潮湿出苗慢,温暖潮湿病多染。

【防　治】

抗病品种首先选,适期播种稍偏晚,

轮作倒茬病源减,收后及时清病残。

田间不留狗尾草,发现病株拔除掉。

病重区域农药控,药剂拌种好作用。

杀毒矾或甲霜灵,甲霜铜或咯菌腈,

药量种量要算准,仔细周到拌均匀。

表9-1　防治粟白发病使用药剂

通用名称(商品名称)	剂　型	使用方法
咯菌腈	2.5%悬浮种衣剂	按种子重量 0.2%～0.3%直接干拌
甲霜灵	35%拌种剂	按种子重量 0.2%～0.3%直接干拌
噁霜·锰锌(杀毒矾)	64%可湿性粉剂	按种子重量 0.4%～0.5%直接拌
甲霜铜	50%可湿性粉剂	按种子量 0.3%～0.4%拌种

粟(谷子)瘟病

【诊　断】

小穗穗梗和穗颈,叶片叶鞘茎节侵。

叶片染病初始看,水浸暗褐小斑显,

随后变为梭形斑，中央灰白褐边缘。

湿大斑上灰霉密，这个特征一定记。

茎节如果把病染，黄褐黑斑小斑产。

逐渐绕茎转一圈，造成节上枯死完。

叶鞘染病长椭圆，严重时候色枯黄。

穗茎染病褐小点，上下扩展黑褐变，

绕颈一周全穗枯，仔细观察要记住。

穗轴中部病若感，半穗枯萎常出现。

小穗染病穗梗检，变褐枯死籽瘪干。

菌随病残越来年，成为翌年初染源，

气流传播再侵染，雨多湿大可蔓延。

【防　治】

抗病品种首当先，流行病区种不选。

配方施肥不偏氮，收后病草处理完，

化学防治抓关键，穗前穗齐喷二遍。

春雷霉素敌瘟磷，代森锰锌或瘟定。

表 9-2　防治粟瘟病使用药剂

通用名称(商品名称)	剂　型	使用方法
春雷霉素	6%可湿性粉剂	1000～1500 倍发病时喷雾
敌瘟磷	40%乳油	500～800 倍液喷雾
异稻瘟净(瘟定)	50%乳油	发病时每 667 米^2 用 150 毫升对水 45 升喷雾
代森锰锌	80%可湿性粉剂	600 倍液喷雾

粟(谷子)胡麻斑病

【诊　断】

该病又名叶斑病,全生育期均发生。

叶片染病仔细看,初生黄至黄褐斑,

斑点纺锤或椭圆,边缘不显色较暗,

后变褐至黑褐颜,病斑两端呈钝圆。

后期再看斑表面,黑色丝绒霉层产。

【防　治】

综合防治效果显,小稻胡麻斑参看。

粟(谷子)灰斑病

【诊　断】

灰斑主要害叶片,病斑梭形或椭圆,

中部灰白褐边缘,病斑背面灰霉产。

病叶伴菌越来年,翌年孢子气流传。

【防　治】

轮作倒茬减菌源,收获及时清病残。

病初喷洒多菌灵,多霉威或好光景,

轮换使用生利宝,适时喷雾效果好。

表 9-3　防治粟灰斑病使用药剂

通用名称(商品名称)	剂　型	使用方法
多菌灵	50%可湿性粉剂	600~800 倍液病初喷雾
多硫(好光景)	40%悬浮剂	500 倍液病初喷雾
多霉威	50%可湿性粉剂	800 倍液病初喷雾
百·霉威（生利宝）	28%可湿性粉剂	600 倍液病初喷雾

粟(谷子)叶斑病

【诊 断】

叶斑主要害叶片,叶生病斑形椭圆,
中部灰褐红褐缘,后期斑上黑粒点。
病残伴菌越来年,分生孢子风雨传,
多雨年份多雨季,植株缺肥病害起。

【防 治】

提倡多施有机肥,提高寄主抗病力。
病初化学农药控,DT 湿粉加瑞农,
春雷王铜硫菌灵,轮换使用好效应。

表 9-4　防治粟叶斑病使用药剂

通用名称(商品名称)	剂　型	使用方法
甲基硫菌灵	36%悬浮剂	500～600 倍液病初喷雾
琥胶肥酸铜(DT)	30%悬浮剂	500 倍液病初喷雾
春雷·王铜(加瑞农)	47%可湿性粉剂	700 倍液病初喷雾

粟(谷子)锈病

【诊 断】

锈病主要害叶片,有时叶鞘也发现。
抽穗期间多查看,初期叶背细诊断,
红褐小斑叶面显,隆起形似长椭圆,
排列成行或呈乱,表皮破裂黄粉散。
后期叶背叶鞘观,黑色小点又出现。
夏孢借着气流传,落到叶片多次染。

【防　治】

抗病品种首先选,适期早播病避免,

收后田间清病残,配方施肥不偏氮。

病初化学农药控,三唑醇或三唑酮,

福星乳油烯唑醇,间隔七天三遍喷。

表 9-5　防治粟锈病使用药剂

通用名称(商品名称)	剂　型	使用方法
三唑醇	15%可湿性粉剂	病初 1000～1500 倍液喷雾
三唑酮	20%乳油	病初 1000 倍液喷雾
氟硅唑(福星)	40%乳油	病初 5000 倍液喷雾
烯唑醇	12.5%可湿性粉剂	病初 1500～2000 倍液喷雾

粟(谷子)假黑斑病

【诊　断】

该病主要害叶片,全生育期均侵染。

叶上病斑长椭圆,斑中褐色草黄颜,

病原外观细心辨,褐色霉层斑背产。

病残种子菌丝黏,越冬来年初侵染。

【防　治】

抗病品种首先选,拌种喷雾两齐全。

醚菌酯或扑海因,代森锰锌灭霉灵。

药量水量要算准,间隔十天两次喷。

表 9-6　防治粟假黑斑病使用药剂

通用名称(商品名称)	剂　型	使用方法
醚菌酯(翠贝)	50％可湿性粉剂	按种子重量 0.4％拌种
异菌脲(扑海因)	50％可湿性粉剂	病初 1000 倍液喷雾
代森锰锌	80％可湿性粉剂	病初 600 倍液喷雾
福·异菌(灭霉灵)	50％可湿性粉剂	病初 800 倍液喷雾

粟(谷子)条点病

【诊　断】

该病主要害叶片,叶片两面仔细看。

狭条病斑可出现,中央浅褐红褐缘,

后期长出褐小粒,引致叶片局部死。

病残伴菌越来年,翌春孢子初侵染,

天气温暖湿度大,偏施氮肥病易发。

【防　治】

收后及时清病残,集中烧毁要深埋。

合理密植通透光,干旱时候水适量。

发病初期药剂选,百硫悬剂灭病威,

药量水量准确算,相互轮换喷两遍。

表 9-7　防治粟条点病使用药剂

通用名称(商品名称)	剂　型	使用方法
百·硫(顺天星 2 号)	50％悬浮剂	病初 600 倍液喷雾
多·硫(灭病威)	50％悬浮剂	病初 1000 倍液喷雾

粟(谷子)青枯病

【诊　断】

拔节前后田间看,株上叶片细诊断,
叶尖叶缘病始见,沿着叶脉显病斑,
病初呈现白小点,不规病斑后出现,
病斑中心灰白颜,外缘紫褐色晕圈。
发病后期病状变,叶似水烫青枯样,
抽穗结实很困难,严重死亡全株完。

【防　治】

轮作倒茬三年上,合理密植通透光。

粟(谷子)纹枯病

【诊　断】

茎部叶鞘病常见,病初近地叶鞘看,
近圆不规病斑产,褐灰相间条斑显。
病斑融合成大斑,边缘暗褐中间浅。
重者茎基两节亡,斑上小粒菌核长。
发病严重灌浆难,病株枯死产量减。

【防　治】

抗病品种首先选,配方施肥株体健。
病初化学防控好,井冈霉素和爱苗,
相互轮换氟纹胺,间隔七天喷两遍。

表 9-8　防治粟纹枯病使用药剂

通用名称(商品名称)	剂　型	使用方法
井冈霉素	5%水剂	病初 1000 倍液喷雾
甲苯·丙环唑(爱苗)	30%乳油	病初 3000 倍液喷雾
氟纹胺	20%可湿性粉剂	病初 800 倍液喷雾

粟(谷子)黑粉病

【诊　断】

该病又称黑粉病,谷子穗部病主生。

全穗籽粒把病染,病穗直立常小短,

有时穗部病一半,有的穗部病染完。

种子带菌越来年,成为翌年侵染源。

【防　治】

抗病品种首当先,选种要在无病田,

选好药剂要拌种,戊唑醇或三唑酮,

药量水量准确算,科学混拌莫错乱。

表 9-9　防治粟黑粉病使用药剂

通用名称(商品名称)	剂　型	使用方法
戊唑醇	2%湿拌种剂	每 10 千克种子用 2%种衣剂 40～60 克拌种
三唑酮	25%可湿性粉剂	用种子重量 1%药剂拌种

粟(谷子)腥黑穗病

【诊　断】

该病又称墨黑粉,仅有少数籽染病。

开花时期菌入侵,破坏子房成黑粉。
穗粒子房若感染,子房被菌毁坏完。
子房外皮孢堆产,孢堆卵圆至长圆。
孢堆田间颜色看,逐渐变为墨绿颜,
孢堆颖外突出显,成熟孢堆顶端产,
黑色厚垣孢子散,伴随腥味是特点。
其他部位不显症,诊断时候仔细辨。

【防　治】

抗病品种首当先,配方施肥株体健。
花前喷药是关键,适宜农药认真选。
福星乳油烯唑醇,间隔七天喷两遍。

表 9-10　防治粟腥黑穗病使用药剂

通用名称(商品名称)	剂　型	使用方法
氟硅唑(福星)	40%湿拌种剂	花前 5000 倍液喷雾
烯唑醇	12.5%可湿性粉剂	花前 2000 倍液喷雾

粟(谷子)粒黑穗病

【诊　断】

其他黑穗细区别,穗上少数籽粒害。
穗前病状难诊断,病穗刚出发现难,
初始病重直立短,孢堆成熟病才显,
病粒显大黑色颜,壁膜破裂黑粉散。
系统侵染是特点,种子带菌越来年,
成为翌年初染源,幼苗胚芽初始染,
扩展转移生长点,侵入穗部病状见。

【防　治】

抗病品种首当先,无病田间种严选。

药剂拌种是关键,药量种量准确算,

拌种双或多菌灵,福美双或三唑醇。

购买时候看标签,同种异名莫混乱。

表 9-11　防治粟粒黑穗病使用药剂

通用名称(商品名称)	剂　型	使用方法
拌种双	40%粉剂	按种子量 0.2%药剂拌种
多菌灵	50%可湿性粉剂	按种子量 0.2%药剂拌种
三唑醇	15%拌种剂	按种子量 0.2%药剂拌种

粟(谷子)细菌性条斑病

【诊　断】

该病主要害叶片,病初叶片细诊断。

深褐短条病斑产,斑与叶脉平行展,

出现光泽是特征,病斑周围有黄晕,

斑缘轮廓不明显,掌握特点仔细看,

横切叶面入水滴,叶脉细菌溢出来。

【防　治】

病残伴菌越来年,气孔侵染把病感,

病重田块农药控,叶枯唑或三唑酮,

药量水量要对准,轮换使用三次喷。

表 9-12　防治粟细菌性条斑病使用药剂

通用名称(商品名称)	剂　型	使用方法
叶枯唑	20%可湿性粉剂	病初 800 倍液喷雾
噻菌酮	20%悬浮剂	病初 500 倍液喷雾

粟(谷子)红叶病

【诊　断】

北方产区多分布,病原分类属病毒。

紫秆品种若染病,叶片叶鞘穗均红;

青秆品种病若感,不变红色黄化变,

灌浆乳熟很明显,病叶红黄始叶尖,

逐渐上下再扩展,导致全叶红黄干。

病重量轻穗短小,种子发芽率不高。

病株矮化抽穗难,叶面皱缩波状缘。

蚜虫媒介把毒传,野草带毒越来年。

春季干燥升温快,发病普遍重危害。

【防　治】

抗病品种首先选,配方施肥不偏氮。

治病防蚜最关键,喷药赶在迁入前。

抗蚜威或克毒宝,病毒康粉效果好。

表 9-13　防治粟红叶病使用药剂

通用名称(商品名称)	剂　型	使用方法
抗蚜威	50%可湿性粉剂	每 667 米^2 用药 30 克对水 45 升喷雾
吗啉胍·三氮唑核苷(病毒康)	31%可溶性粉剂	800 倍液喷雾
吗啉胍·羟烯腺·烯腺(克毒宝)	40%可溶性粉剂	1000 倍液喷雾

粟秆蝇

【诊　断】

昆虫分类要记住,属于蝇科双翅目,

别名毛芒粟芒蝇,东北西北粟区生。

寄主植物有好多,谷子谷莠狗尾草。

初孵幼虫有习性,谷子心叶基部入,

蛀害嫩芽苗心枯,株茎节间无蛀孔,

有时心叶扭曲变,枯心内部多腐烂。

剥去外叶仔细看,螺旋食痕能发现。

为害幼苗抽穗前,植株遇风易折断。

活动喜在晨傍晚,近地叶鞘把卵产。

施氮过多株柔软,湿度高时虫发展。

谷株健壮生谷快,叶片宽大轻受害。

【防　治】

秆蝇叶宽品种选,适期早播为害减。

成虫盛期喷农药,敌百虫粉或乐果。

溴氰菊酯吡虫啉,药量水量计算准。

表 9-14　防治粟秆蝇使用药剂

通用名称(商品名称)	剂　型	使用方法
溴氰菊酯	2.5％乳油	成虫盛期 2000 倍液喷雾
吡虫啉	10％可湿性粉剂	成虫盛期 2000 倍液喷雾
乐果	40％乳油	成虫盛期 1000 倍液喷雾
敌百虫	2.5％粉剂	成虫盛期每 667 米^2 1.5～2 千克喷粉

粟麦蛾

【诊　断】

穈子谷子是寄主,华北东北均分布。

幼虫蛀茎是特点,受害幼苗基部钻,

蛀孔取食内横穿,向上蛀食茎髓间,
枯心幼苗后出现,严重苗死苗垄断。

【防　治】

秆硬蘖多品种选,适期早播避产卵。
收后及时清秸秆,集中处理减虫源。
生长季节田间看,枯心苗见及时铲。
预测预报要搞好,产卵盛期喷农药,
毒死蜱或斗米虫,科学配对莫乱用。

表 9-15　防治粟麦蛾使用药剂

通用名称(商品名称)	剂　型	使用方法
毒死蜱	48%乳油	卵盛期 1000 倍液喷雾
辛·唑磷(斗米虫)	20%乳油	卵盛期 1500 倍液喷雾

东亚飞蝗

【诊　断】

昆虫分类要记牢,直翅目的蝗总科。
寄主植物有好多,高粱谷子和水稻。
成若虫态均危害,咬食植物茎和叶,
大发生时成群迁,作物吃成光秆秆,
蝗灾多指该虫害,我国史籍有记载。
成虫黄褐或绿颜,前胸背板呈马鞍。
前翅发达空中飞,后翅透明呈无色。

【防　治】

保护天敌第一位,寄生蜂和蛙鸟类。
预测预报常年搞,蝗情发展掌握好。

喷药若虫三龄盛,氰马乳油快杀灵,

药量水量准确算,控制为害抢时间。

表 9-16　防治东亚飞蝗使用药剂

通用名称(商品名称)	剂　型	使用方法
氰·马	20%乳油	蝗蝻三龄时每 667 米^{2}100 毫升对水 70 升喷雾
辛·氰(快杀灵)	25%乳油	蝗蝻三龄时每 667 米^{2}30 毫升对水 50 升喷雾

粟 缘 蝽

【诊　断】

昆虫分类要记牢,半翅目的缘蝽科。

寄主植物有好多,高粱谷子和水稻。

成若虫态均危害,刺吸未熟籽粒液。

成虫体色呈草黄,还有浅色细毛状。

草丛树皮墙缝中,潜伏成虫能越冬。

成虫活动遇惊扰,迅速起飞难捕捉。

【防　治】

卵孵盛期要喷药,选对农药莫出错。

敌敌畏和敌百虫,高粱田间不能用。

溴氰菊酯乐果粉,特力克或吡虫啉,

药量水量要算准,仔细周到喷均匀。

表 9-17　防治粟缘蝽使用药剂

通用名称(商品名称)	剂　型	使用方法
溴氰菊酯	2.5%乳油	卵孵盛期 3000 倍液喷雾
乐果	1.5%粉剂	卵孵盛期每 667 米² 喷 1.5 千克
吡虫啉	10%可湿性粉剂	卵孵盛期 2000 倍液喷雾
三唑磷(特力克)	42%乳油	卵孵盛期 2000 倍液喷雾

赤须盲蝽(赤角盲蝽)

【诊　断】

昆虫分类要记牢,半翅目的盲蝽科。
全国南北都发生,高粱谷子是寄主。
成若虫态均为害,刺吸叶片取汁液,
淡黄小点出叶面,雪花斑点叶布满,
顶端渐向内纵卷,严重失水呈枯干。
心叶受害生长停,叶片展开显孔洞,
全株生长较缓慢,大量发生产量减。
成虫活动有时间,九至下午十七点。
阴雨天气或夜晚,潜伏株下叶背面。

【防　治】

生态防治很重要,保护天敌要记牢。
田间地边杂草铲,破坏越冬孵化卵。
化学防治有时机,抓住二龄若虫期,
辛硫磷或啶虫脒,茚虫威或醚菌酯。
相互轮换效果好,正反叶面都喷到。

表 9-18　防治赤须盲蝽使用药剂

通用名称(商品名称)	剂　型	使用方法
辛硫磷	50%乳油	百株若虫 5 头时 1000 倍液喷雾
啶虫脒	5%乳油	百株若虫 5 头时 3000 倍液喷雾
茚虫威	15%悬浮剂	百株若虫 5 头时 4000 倍液喷雾
醚菌酯	10%乳油	百株若虫 5 头时1000～1500 倍液喷雾

大青叶蝉

【诊　断】

昆虫分类要记牢,同翅目和叶蝉科。

别名大绿浮尘子,全国各地都分布。

寄主植物有好多,谷子果蔬和水稻。

成若虫态均为害,为害叶片吸汁液,

叶片褪色畸形卷,严重全叶枯死干。

病毒病害能传染,杀虫即可防毒源。

生活习性要记准,日夜取食活动盛。

成虫夏季趋光强,晚秋低温少趋光。

卵产枝茎叶主脉,月牙伤口显表皮。

伤口位置凸似肾,北方三代卵越冬。

【防　治】

杂粮周围种白菜,集中诱集好歼灭。

二代成虫夏季杀,杀虫灯在田间挂。

世代重叠不整齐,虫口密度及时计,

三十单网五头捉,防治指标刚达到,

叶蝉散和敌百虫,及时喷粉虫定控。

表 9-19　防治大青叶蝉使用药剂

通用名称(商品名称)	剂　型	使用方法
异丙威(叶蝉散)	20％粉剂	达标时每 667 米^2 喷粉 2 千克
敌百虫	2.5％粉剂	达标时每 667 米^2 喷粉 2 千克

粟凹胫跳甲

【诊　断】

昆虫分类要记牢,鞘翅目的叶甲科。

该虫还有多叫法,粟胫跳甲谷跳甲,

全国分布好多地,东北华北和西北,

寄主植物心里记,小麦高粱谷和糜。

幼苗为害常出现,茎基部位咬孔钻,

苗高表皮劣变硬,幼虫爬到株心顶,

取食嫩叶吃顶心,不能生长成丛生。

成虫害后有标记,取食幼苗叶表皮,

白色透明条纹显,严重死亡变枯干。

成虫体形变椭圆,蓝绿青铜金光闪,

头部密布黑刻点,鞘翅刻点排成线。

末龄幼虫体筒圆,头胸背板黑色颜,

胸腹部位白色显,体面椭圆褐斑点。

幼虫喜欢两寸苗,沿着土表茎基咬。

气候干旱播种早,重茬谷子受害多。

【防　治】

适时晚播虫可躲,间苗定苗拔枯苗,
集中处理和焚烧,防止再次来传播。
播时土壤要处理,撒施颗粒安克力。
施药苗后五叶期,速灭威或毒死蜱,
氯氰菊酯敌百虫,喷雾喷粉好作用。

表 9-20　防治粟凹胫跳甲使用药剂

通用名称(商品名称)	剂　型	使用方法
丙硫克百威(安克力)	5%颗粒剂	播时每 667 米² 撒施 2 千克处理土壤
速灭威	3%粉剂	幼苗 5 叶时每 667 米² 喷施 1.5～2 千克粉剂
毒死蜱	48%乳油	幼苗 5 叶时每 667 米² 喷施 200 毫升～400 毫升拌细土 20～25 千克撒在谷株附近
氯氰菊酯	5%乳油	幼苗 5 叶时 2500 倍液喷雾
敌百虫	2.5%粉剂	幼苗 5 叶时每 667 米² 用 1.5～2 千克喷粉

谷子负泥甲

【诊　断】

昆虫分类要记住,负泥甲科鞘翅目。
谷叶甲是别名称,又名谷子负泥虫。
分布东北陕甘宁,河北山东和北京。
寄主植物有好多,糜谷高粱和陆稻。
成虫为害有特征,沿着叶脉叶肉啃,
白条状态显叶面,残留下皮叶不全。

心叶幼虫害时钻,舐食叶肉损叶片,
宽白条状叶上产,叶面枯焦心叶干。
成虫黑蓝金属光,胸部细长古钟状。
末龄幼虫圆筒形,腹部稍膨背板隆。
田埂谷茬杂草根,成虫潜伏内越冬。
成虫活跃中午时,习性趋光还假死。
初孵幼虫常群聚,啃食时候身负粪。

【防　治】

收后及时清田间,轮作倒茬虫源减。
播时土壤要处理,撒施颗粒安克力,
施药苗后五叶期,敌百虫或速灭威,
辛唑磷或灭杀毙,喷雾喷粉方法齐。

表 9-21　防治谷子负泥甲使用药剂

通用名称(商品名称)	剂　型	使用方法
丙硫克百威(安克力)	5%颗粒剂	播时每 667 米^2 撒施 2 千克处理土壤
速灭威	3%粉剂	幼苗 5 叶时每 667 米^2 喷施 1.5~2 千克喷粉
辛·唑磷	20%乳油	幼苗 5 叶期 1500 倍液喷雾
敌百虫	2.5%粉剂	幼苗 5 叶时每 667 米^2 用 1.5~2 千克喷粉
增效马·氰(灭杀毙)	21%乳油	幼苗 5 叶期 2500 倍液喷雾

粟 穗 螟

【诊 断】

昆虫分类要记牢,鳞翅目的螟蛾科。

该虫别名粟缀螟,寄主高粱粟玉米。

寄主穗上幼虫害,其上吐丝把网结,

网中蛀食籽粒秕,穗头颜色变污黑,

破碎籽粒粪粒显,严重时候产大减。

成虫习性要记清,晚上活动趋光性,

刚抽嫩穗喜产卵,初孵幼虫咬籽端。

打场四周禾草放,老熟幼虫内潜藏。

【防 治】

高粱谷子若晒场,四周禾草可堆放。

诱集幼虫向草爬,早晨用石谷草压。

田间观察算时间,喷药幼虫二龄前,

溴氰菊酯三唑磷,轮换苏芸金杆菌。

表 9-22　防治粟穗螟使用药剂

通用名称(商品名称)	剂 型	使用方法
苏芸金杆菌	1600 单位/毫克可湿性粉剂	600～800 倍液喷雾
溴氰菊酯	2.5%乳油	二龄幼虫 3000 倍液喷雾
三唑磷(特力克)	20%乳油	幼虫二龄前 2000 倍液喷雾

谷磷斑叶甲

【诊 断】

昆虫分类要记住,肖叶甲科鞘翅目。

寄主植物有好多，菊科豆科禾本科，
分布全国多个省，谷子产区重发生。
成虫危害仔细看，萌芽出土转入田，
咬食幼苗生长点，未出土时苗死完。
谷苗出土真叶现，基部齐土苗咬断。
缺苗断垄损失惨，严重毁苗改种翻。
成虫体形近椭圆，体色灰褐土褐颜，
稍带铜色光泽闪，体背密被白鳞片。
土缝根茬杂草根，成虫匿藏土越冬。
春季苗出虫迁入，卵产幼苗根际部。
该虫食杂喜干旱，少雨年份大发展。

【防　治】

秋季深翻平地面，根茬落叶清除完，
集中处理或焚烧，早春田边铲杂草，
越冬成虫可杀灭，减少虫源少为害。
化学防治好药选，地上地下药用全。
安克力和抑太保，鱼藤酮或氟铃脲。
药量水量要算好，谷苗杂草全喷到。

表 9-23　防治谷磷斑叶甲使用药剂

通用名称（商品名称）	剂　型	使用方法
丙硫克百威（安克力）	5％颗粒剂	每 667 米² 用药 2 千克处理土壤
啶虫隆（抑太保）	5％乳油	越冬代成虫活动时 1000 倍液喷雾
鱼藤酮	2.5％乳油	越冬代成虫活动时 600 倍液喷雾
氟铃脲	50％乳油	越冬代成虫活动时 1000 倍液喷雾

谷蝼步甲

【诊　断】

昆虫分类要记牢,鳞翅目的步甲科,
该虫名称多叫法,谷穗步甲谷步甲。
寄主植物记心上,谷子糜子和高粱。
成虫为害有特征,土下食害作物种,
种子胚部喜欢啃,俗称缺苗又断垄。
茂密株下白天藏,夜间活动能趋光。

【防　治】

化学防治抓重点,药剂拌种是关键。
安克力或来福灵,还有乙酰甲胺磷,
药量水量种子算,科学配对莫错乱。

表 9-23　防治谷蝼步甲使用药剂

通用名称(商品名称)	剂　型	使用方法
丙硫克百威(安克力)	5%颗粒剂	每 667 米^2 用药 1.5～2 千克处理土壤
S—氰戊菊酯(来福灵)	5%乳油	穗期 2000 倍液喷雾
乙酰甲胺磷	40%乳油	按种子重量 0.2%拌种

黄尾球跳甲

【诊　断】

昆虫分类要记牢,鞘翅目的叶甲科。
分布全国多个省,甘宁两湖和广东。
寄主植物有好多,高粱谷子麦水稻。
幼虫为害叶片看,潜食叶肉虫道产,

虫道残留表皮见,形成垂直叶脉斑。

甘肃一年生一代,成虫越冬再危害。

成虫卵圆黄褐色,鞘翅端黄全身黑。

生活习性属喜阴,调查时候看树荫。

【防　治】

综合防治好办法,方法参看谷跳甲①。

---

①注:又名栗凹胫跳甲

十、绿豆病虫害诊断与防治

绿豆立枯病

【诊　断】

植株茎基仔细看,黄褐病斑可出现,

逐渐扩展缢缩显,导致幼苗枯萎蔫。

湿大蛛丝褐霉产,病原特点记心间。

病菌土壤活几年,病残越冬来年染,

多年连作积累病,低温连阴利流行。

【防　治】

轮作倒茬两三年,深翻改土减菌源,

合理密植通透光,高畦栽培多提倡。

收获及时清田园,残枝落叶烧毁完。

病初化学农药控,爱苗乳油克枯星。

还有甲基立枯磷,茎基部位多喷淋。

表 10-1　防治绿豆立枯病使用药剂

通用名称(商品名称)	剂　型	使用方法
恶甲(克枯星)	3.2%水剂	病初 300 倍液喷雾
甲基立枯磷	20%乳油	病初 1200 倍液喷雾
甲苯·丙环唑(爱苗)	30%乳油	病初 300 倍液喷雾

绿豆叶斑病

【诊　断】

病初叶上仔细看,水渍褐色小点产,

随后病点继续扩,斑缘红棕至红褐。

中间浅褐至褐色,病斑形状近似圆。

湿大病斑灰霉显,严重病斑融成片。

病残带菌越来年,成为翌年初染源,

高温高湿易流行,秋季多雨易发病。

【防　治】

中绿一号抗叶斑,病重地区要多选,

收后及时清病残,防止翌年再传染。

发病初期农药控,百硫悬剂噻菌酮,

药量水量准确算,间隔十天喷三遍。

表 10-2　防治绿豆叶斑病使用药剂

通用名称(商品名称)	剂　型	使用方法
百·硫	50%悬浮剂	病初 600 倍液喷雾
噻菌酮	20%悬浮剂	病初 500 倍液喷雾

绿豆轮纹病

【诊　断】

染病开始在幼苗,生长后期发病多。

病叶初生褐圆斑,病斑边缘红褐颜。

同心轮纹很明显,抓住特点好诊断。

后期斑生褐小点,病斑干时易破烂,

发病严重叶落早，影响结实产量少。

病残落土越来年，风雨水溅再侵染。

【防　治】

秋收结实烧病残，深翻晒土灭菌源。

配方施肥不偏氮，增强抗性病少染。

病初喷洒好光景，波锰锌或加瑞农，

药量水量准确算，间隔十天喷三遍。

表 10-3　防治绿豆轮纹病使用药剂

通用名称（商品名称）	剂　型	使用方法
波·锰锌（科博）	78%可湿性粉剂	病初 500 倍液喷雾
春雷·王铜（加瑞农）	47%可湿性粉剂	病初 700 倍液喷雾
多·硫（好光景）	40%悬浮剂	病初 500 倍液喷雾

绿豆白粉病

【诊　断】

叶茎豆荚均感染，病初叶面白粉点，

开始发生呈点片，随后扩展盖叶面，

后期密生黑小点，严重植株枯黄变。

病残落土越年看，成为翌年侵染源，

气流传播再侵染，干湿交替病发展。

【防　治】

抗病品种首当先，收后及时清病残。

病初喷药效果好，武夷菌素防霉宝，

烯唑醇或禾病净，翠贝干悬或福星，

药量水量准确算，间隔七天互轮换。

表 10-4 防治绿豆白粉病使用药剂

通用名称(商品名称)	剂 型	使用方法
武夷菌素	60%可溶性粉剂	病初 600 倍液喷雾
多菌灵·盐酸盐(防霉宝)	2%可溶性粉剂	病初 600 倍液喷雾
醚菌酯(翠贝)	50%干悬浮剂	病初 3000 倍液喷雾
多·酮(禾病净)	40%可湿性粉剂	病初 700~800 倍液喷雾
烯唑醇	12.5%可湿性粉剂	病初 2000 倍液喷雾
氟硅唑(福星)	40%乳油	病初 5000 倍液喷雾

绿豆锈病

【诊 断】

叶茎豆荚均感染,叶片发病最常见。
叶片染病仔细看,散生聚生小斑点,
锈点隆起叶背面,表皮破裂呈外翻,
红褐粉末外面散,实为夏孢菌特点。
秋季隆起颜色黑,实为菌原冬孢堆。
病早病重叶落早,影响光合产量少。
南方一年四季传,夏秋雨季北方见。

【防 治】

抗病品种首先选,清洁田园减菌源。
叶面结露是条件,喷药防治好时间。
丙环唑或烯唑醇,爱苗乳油三唑酮。

表 10-5　防治绿豆锈病使用药剂

通用名称(商品名称)	剂　型	使用方法
三唑酮	15％可湿性粉剂	病害流行期 1500 倍液喷雾
丙环唑	25％乳油	病初 3000 倍液喷雾
烯唑醇	12.5％可湿性粉剂	病初 2000 倍液喷雾
甲苯·丙环唑(爱苗)	30％乳油	发病初期 3000 倍液喷雾

绿豆菌核病

【诊　断】

棚室露地均发现,病症明显好分辨。
病株茎基灰白颜,导致全株枯萎蔫,
剖开病茎菌核检,形似鼠粪是特点。
豆荚染病水渍状,逐渐变成灰白样。
有的病荚菌核见,严重腐烂产大减。
土壤病残菌核伴,潜藏越冬到来年,
随风传播再侵染,开花以后多蔓延。

【防　治】

染病田间种不选,禾本作物轮三年,
深耕晒土减菌源,清除病残无后患。
配方施肥不偏氮,增施磷钾株体健。
化学防治选好药,农利灵或异菌脲,
轮换喷雾腐霉利,药量水量要算细。

表 10-6　防治绿豆菌核病使用药剂

通用名称(商品名称)	剂　型	使用方法
异菌脲	50%可湿性粉剂	阴雨天多时用 1000 倍液喷雾
腐霉利	50%可湿性粉剂	阴雨天多时用 1500 倍液喷雾
乙烯菌核利(农利灵)	50%干悬浮剂	阴雨天多时用 800 倍液喷雾

绿豆炭疽病

【诊　断】

叶茎荚果病均染,掌握病症好诊断。
叶片染病初期看,红褐条斑开始显,
黑或黑褐色后见,扩展呈现多角斑。
叶柄和茎若染病,病斑凹陷龟裂生,
褐锈细条病斑产,病斑连合成长斑。
豆荚染病褐小点,扩大形圆或椭圆,
边缘稍隆黑褐颜,四周常具紫晕环,
中间凹陷是特点,湿大溢物粉红黏。
种子病残菌若伴,越冬来年初侵染,
湿度饱和利流行,土壤黏重重发病。

【防　治】

病株病荚种不选,抗病品种首当先。
轮作倒茬两三年,播前种子农药拌。
福美双或多菌灵,炭疽福美好效应。

表 10-7　防治绿豆炭疽病使用药剂

通用名称(商品名称)	剂　型	使用方法
多菌灵	50%可湿性粉剂	用种子重量 0.4%药剂拌种
福美双	50%可湿性粉剂	用种子重量 0.4%药剂拌种
福·福锌(炭疽福美)	80%可湿性粉剂	800 倍液喷雾

绿豆细菌性疫病

【诊　断】

又称细菌斑点病,夏秋雨季主发生。
叶片染病仔细看,病斑不规形或圆,
水泡斑点褐色颜,初显水渍后疽变,
严重斑变成木栓,多斑聚集成坏斑。
叶柄豆荚病若染,褐色小斑条状显。
病原分类属细菌,高温多湿利于病。

【防　治】

轮作倒茬少三年,无病田间把种选。
配方施肥不偏氮,大水漫灌要避免。
合理密植通风光,田间湿露能下降。
发病初期喷药控,氢氧化铜加瑞农,
还有琥胶肥酸铜,间隔七天轮换用。

表 10-8　防治绿豆细菌性疫病使用药剂

通用名称(商品名称)	剂　型	使用方法
氢氧化铜	77%可湿性粉剂	病初 500 倍液喷雾
琥胶肥酸铜	30%悬浮剂	病初 500 倍液喷雾
春雷·王铜(加瑞农)	47%可湿性粉剂	700 倍液喷雾

绿豆病毒病

【诊　断】

幼苗成株病均染,全生育期症都显。
深浅斑驳出叶片,凹凸不平皱叶面,
有时叶片扭曲变,病株矮缩开花晚。
花叶病毒是病原,桃蚜棉蚜把毒传。

【防　治】

抗病品种要筛选,潍绿四号首当先。
防蚜要在迁入前,灭蚜防毒是关键。
病初防毒药选准,病毒快杀克毒灵,
科学配对轮换用,保护治疗病可控。

表 10-9　防治绿豆病毒病使用药剂

通用名称(商品名称)	剂　型	使用方法
吗啉胍·乙铜(病毒快杀)	20％可湿性粉剂	病初 500 倍液喷雾
菌毒·吗啉胍(克毒灵)	7.5％水剂	病初 500 倍液喷雾

豆　蚜

【诊　断】

昆虫分类要记牢,属于蚜科同翅目。
豆科作物多寄主,菜豆豌豆和绿豆。
成若虫态均危害,嫩叶茎荚吸汁液,
叶片卷缩色变黄,严重产量定影响。

【防　治】

田边沟边杂草铲,减少虫源为害减,

生态防控最环保,保护天敌要记牢。

瓢虫草岭食蚜蝇,仔细分辨要认清。

百株蚜量千头过,喷药防治正适合,

菊马乳油或菜盛,抗蚜威或吡虫啉,

轮换使用好效应,收前十天药要停。

表 10-10　防治豆蚜使用药剂

通用名称(商品名称)	剂　型	使用方法
菊·马	20%乳油	到达防治指标时 2000 倍液喷雾
阿维·毒(菜盛)	15%乳油	到达防治指标时 1000 倍液喷雾
抗蚜威	50%可湿性粉剂	到达防治指标时 1500 倍液喷雾
吡虫啉	10%可湿性粉剂	到达防治指标时 1500 倍液喷雾

豌豆粉潜蝇

【诊　断】

昆虫分类要记牢,双翅目的潜蝇科。

别名豌豆植潜蝇,全国各地均发生。

寄主植物有好多,豌豆菜豆十字科。

幼虫为害潜入叶,蛀食叶肉表皮在,

曲折隧道显叶面,光合影响生长缓。

成虫头部显黄色,复眼红褐胸腹黑,

腹节后缘色呈黄,翅透明有虹彩光。

成虫白天吸花蜜,产卵多选幼嫩部。

【防　治】

残枝败叶清除完,田间道边杂草铲,
集中处理可深埋,杀灭虫源为害减。
田间调查很关键,成虫活动查叶片。
喷药掌握好时间,幼虫初龄是时段。
溴氰菊酯灭蝇胺,农地乐油可轮换。

表 10-11　防治豌豆粉潜蝇使用药剂

通用名称(商品名称)	剂　型	使用方法
溴氰菊酯	2.5%乳油	幼虫初龄 2000 倍液喷雾
灭蝇胺	75%可湿性粉剂	幼虫初龄 5000 倍液喷雾
氯·毒(农地乐)	20%乳油	幼虫初龄 800～1000 倍液喷雾

美洲斑潜蝇

【诊　断】

昆虫分类要记牢,双翅目的潜蝇科。
该虫别名有好多,蔬菜蛇形斑潜蝇。
原在国外后发现,全国多省危害传。
寄主植物数不清,二十二科一百种。
豆类瓜类为害多,蚕豆豌豆在当中。
成幼虫态均为害,各自症状有区别。
雌性成虫若飞翔,植物叶片可刺伤,
取食产卵症状显,仔细查看能分辨。
幼虫为害叶内潜,白色虫道随后产,
初始不规线状展,虫道终端明显宽。
光合产物大量减,严重时候布全田。

繁殖强而世代短,热带地区害周年。

【防　治】

南菜北运要检疫,发现虫情即销毁。

收获以后清田园,虫残枝叶焚烧完。

生态防治积极用,饲养释放姬小蜂。

防治成虫有办法,田间悬挂诱杀卡。

喷施农药抓时间,掌握幼虫二龄前。

溴虫腈或斑潜净,农地乐或爱福丁。

喷施农药有时间,上午八至十二点。

表 10-12　防治美洲斑潜蝇使用药剂

通用名称(商品名称)	剂　型	使用方法
溴虫腈	10%悬浮剂	8～12 时幼虫叶面活动时或者老熟幼虫从虫道钻出时 1500 倍液喷雾
阿维·杀单(斑潜净)	25%乳油	幼虫二龄前 1000 倍液喷雾
氯·毒(农地乐)	52.25%乳油	幼虫二龄前 1000 倍液喷雾
阿维菌素(爱福丁)	1.8 乳油	幼虫二龄前 1000 倍液喷雾

南美洲斑潜蝇(拉美斑潜蝇)

【诊　断】

昆虫分类要记牢,双翅目的潜蝇科。

国外传入到农田,为害作物很危险。

寄主植物有好多,八十四种十九科。

成虫产卵叶中留，幼虫潜入食叶肉，

中肋叶脉食害残，叶片透明呈空斑，

沿着叶脉潜道成，外看潜道不完整，

这个特点要记清，区别美洲斑潜蝇。

南美美洲成虫分，后者稍大颜色深。

【防　治】

综合防治效果显，美洲斑潜蝇参看。

十一、农药名称、标签及说明书规范口诀

前多年来农药乱,产品名称不规范。

一药多名很普遍,农技人员都难辨。

农民购买很难选,导致百姓乱花钱。

假冒伪劣常出现,损害消费者的权。

二零零八有文件,药名标签定规范。

农药命名有原则,农药条例定统一。

单剂农药通用名,有效成分作命称。

混配农药名咋叫,各个成分来组合,

五个汉字限最多,超过字数需减缩。

农药标签说明书,管理办法要记住。

表签内容有规定,药名成分和剂型,

生产日期①企业名,产品有效期②表明,

产品重量三证号③,联系方式毒性标。

用途技术和方法④,仔细阅读心放下。

---

①应当按照年、月、日的顺序标注,年份用四位数字表示,月、日分别用两位数字表示。

②以产品质量保证期限、有效日期或失效日期表示。

③指农药登记证号或农药临时登记证号、农药生产许可证号或农药生产批准文件号、产品标准号。

④主要包括适用作物或使用的范围、防治对象以及施用的时期、剂量、次数和方法。

产品性能①准描述,核准范围要相符。
毒性级别分五种②,标识标注要看清。
分装农药③不能忘,标签规定记心上,
分装日期有效期,自产日期起算计,
分装两号不能少,联系方式也需要。
农药类别看色带,红黄绿黑蓝分开④。
注意事项莫忘掉,八项内容⑤要记牢。

---

①主要包括产品的基本性质、主要功能、作用特点等,对农药产品描述不得与农药登记核准的使用范围和防治对象不符。

②分为剧毒、高度、中毒、低毒、微毒五个级别。由剧毒、高毒农药原药加工的制剂产品,其毒性级别与原药的高毒性级别不一致时,应当同时以括号标明其所用的原药的最高毒性级别。

③其标签应当与生产企业所使用的标签一致,并同时标注分装企业名称及联系方式、分装登记证号、分装农药的生产许可证号或者农药生产批准文件号、分装日期,有效期自生产日期起计算。

④不同类别的农药采用在标签底部加一条与底边平行的、不褪色的特征颜色标志带表示。除草剂用“除草剂”字样和绿色带表示;杀虫(螨、软体动物)剂用“杀虫剂”或“杀螨剂”、“杀软体动物剂”字样和红色带表示;杀菌(线虫)剂用“杀菌剂”或“杀线虫剂”字样和黑色带表示;杀鼠剂用“杀鼠剂”字样和蓝色带表示;植物生长调节剂用“植物生长调节剂”字样和深黄色带表示;杀虫/杀菌剂用“杀虫/杀菌剂”字样、红色和黑色带表示。农药种类的描述文字应当镶嵌在标志带上,颜色与其形成明显的反差。

⑤一是标注安全间隔期和一季最多使用的次数;二是对后茬作物有影响的要标注清作物名称;三是对易产生药害的作物和抗性药要标注,并要有预防办法;四是对有益的生物(如蜜蜂、鸟、天敌、蚕、蚯蚓、鱼等)有毒害的要标清,对环境有不利影响的要说明,并标注预防措施;五是已知的与其他农药不能混用的要说明;六是开启时容易出现药剂散漏和人身伤害的,要标注正确的开启方法;七是使用时应采取的安全防护措施;八是该农药国家规定的禁止使用的作物或范围。

十二、购买农药"三看"口诀

一看标签首当先,仔细查看莫受骗,
标签完整无损坏,字迹清晰无残缺,
农药明称要认准,同种异名须弄清,
商品名称通用名,有效成分须注明。
买前用心看三证,编号代码有规定,
国家农业部药检,其他部门无权管。
登记标准批准号,国产农药无缺少[①],
进口农药有区分,只有农药登记证。
农药类别看色带,红黄黑绿蓝分开,
黑色杀菌红杀虫,绿色田间杂草控,
黄色调节促生长,蓝色杀鼠莫要忘。
标签若有错和改,选购时候要警戒。

二看产品的外观,掌握特点细心辨。
乳悬水粉粒烟剂,外形表现各不一。
外观色形应知道,认清形态不混淆。
乳油透明油液体,浑浊分层不合格。
水乳色白或乳稠,外观形态光不透。
液体分层或冻结,产品变质不可买。
悬乳色白或色浅,流动黏稠状呈悬,
容易沉淀是特点,长期贮放形态变,

---

①农药标签必须要有登记号、标准号、批准号。

下层变稠上层稀，结层沉淀在瓶底，
摇晃如若能悬起，产品仍然不过期，
沉淀摇动难复原，不能使用药效减。
水剂半透或透明，不含悬物液均匀，
低温存放有沉淀，温度回升能溶变，
合格产品有此状，使用质量不影响，
升温沉淀不溶化，质量难保有后怕。
可湿粉剂细粉状，若有此状好质量，
粉末粗粒结团块，过期质量已变坏。
颗粒剂型分大小，合格产品颗粒牢，
颗粒破碎生粉末，撒施飞扬浪费药，
损害身体染环境，产品质量难保证。

三看农药药性状，有效成分定质量。
质量标准在成分，一般用户难鉴定。
技术化验若不便，药效田间可试验，
标治对象和用量，检验防效才保险，
差距过大效不显，怀疑成分含量减。
物理性状也要看，各种剂型水中验。
乳油要看乳化性，水中检验方可行，
良好乳油水中溶，立刻扩散成云雾，
液面乳油不出现，液底不见油沉淀，
乳化性能若不良，油滴易成片絮状，
滴入水中难扩散，粗大油珠浮液面，
细小油珠易聚合，药液稳性不牢靠。
可湿粉剂悬浮剂，湿展药液先配对，
首先摘取干叶片，手捏叶柄插液面，

数秒以后再观看,根据液斑再论断,
如若药液叶片满,湿展性能好称赞,
叶片药液沾不全,湿展性能很一般,
药液叶片若不沾,表明药品不湿展。
粉粒细度也要看,检验质量不可免,
细度越高质越好,测定方法有好多,
科学测定要过筛,简易方法用手捏,
拇指食指捏药粉,相互摩擦慢捻动,
捻完药粉找感觉,细度越小质越好。
烟剂存放易吸潮,手捏包装不可少,
包装松软好产品,吸潮结块不可用。
购买农药须三看,使用农药善保管,
温度过高或过低,湿度过大阳光照,
化肥农药若混淆,缩短期限质难保。

金盾版图书,科学实用,
通俗易懂,物美价廉,欢迎选购

水稻良种引种指导 23.00

水稻新型栽培技术 16.00

科学种稻新技术(第2版) 10.00

双季稻高效配套栽培技术 13.00

杂交稻高产高效益栽培 9.00

杂交水稻制种技术 14.00

提高水稻生产效益100问 8.00

超级稻栽培技术 9.00

超级稻品种配套栽培技术 15.00

水稻良种高产高效栽培 13.00

水稻旱育宽行增粒栽培技
术 5.00

水稻病虫害诊断与防治原
色图谱 23.00

水稻病虫害及防治原色图
册 18.00

水稻主要病虫害防控关键
技术解析 16.00

怎样提高玉米种植效益 10.00

玉米高产新技术(第二次
修订版) 12.00

玉米高产高效栽培模式 16.00

玉米标准化生产技术 10.00

玉米良种引种指导 11.00

玉米超常早播及高产多收
种植模式 6.00

玉米病虫草害防治手册 18.00

玉米病害诊断与防治
(第2版) 12.00

玉米病虫害及防治原色图
册 17.00

玉米大斑病小斑病及其防
治 10.00

玉米抗逆减灾栽培 39.00

玉米科学施肥技术 8.00

玉米高粱谷子病虫害诊断
与防治原色图谱 21.00

甜糯玉米栽培与加工 11.00

小杂粮良种引种指导 10.00

谷子优质高产新技术 6.00

大豆标准化生产技术 6.00

大豆栽培与病虫草害防
治(修订版) 10.00

大豆除草剂使用技术 15.00

大豆病虫害及防治原色
图册 13.00

大豆病虫草害防治技术 7.00

大豆病虫害诊断与防治
原色图谱 12.50

怎样提高大豆种植效益 10.00

大豆胞囊线虫病及其防
治 4.50

油菜科学施肥技术 10.00

豌豆优良品种与栽培技

术	6.50	技术	13.00
甘薯栽培技术(修订版)	6.50	蓖麻向日葵胡麻施肥技	
甘薯综合加工新技术	5.50	术	5.00
甘薯生产关键技术 100		棉花高产优质栽培技术	
题	6.00	(第二次修订版)	10.00
图说甘薯高效栽培关键		棉花节本增效栽培技术	11.00
技术	15.00	棉花良种引种指导(修订	
甘薯产业化经营	22.00	版)	15.00
花生标准化生产技术	10.00	特色棉高产优质栽培技术	11.00
花生高产种植新技术		图说棉花基质育苗移栽	12.00
(第 3 版)	15.00	怎样种好 Bt 抗虫棉	6.50
花生高产栽培技术	5.00	抗虫棉栽培管理技术	5.50
彩色花生优质高产栽培		抗虫棉优良品种及栽培	
技术	10.00	技术	13.00
花生大豆油菜芝麻施肥		棉花病虫害防治实用技	
技术	8.00	术(第 2 版)	11.00
花生病虫草鼠害综合防		棉花病虫害综合防治技术	10.00
治新技术	14.00	棉花病虫草害防治技术	
花生地膜覆盖高产栽培		问答	15.00
致富·吉林省白城市		棉花盲椿象及其防治	10.00
林海镇	8.00	棉花黄萎病枯萎病及其	
黑芝麻种植与加工利用	11.00	防治	8.00
油茶栽培及茶籽油制取	18.50	棉花病虫害诊断与防治	
油菜芝麻良种引种指导	5.00	原色图谱	22.00
双低油菜新品种与栽培		蔬菜植保员手册	76.00

以上图书由全国各地新华书店经销。凡向本社邮购图书或音像制品,可通过邮局汇款,在汇单"附言"栏填写所购书目,邮购图书均可享受 9 折优惠。购书 30 元(按打折后实款计算)以上的免收邮挂费,购书不足 30 元的按邮局资费标准收取 3 元挂号费,邮寄费由我社承担。邮购地址:北京市丰台区晓月中路 29 号,邮政编码:100072,联系人:金友,电话:(010)83210681、83210682、83219215、83219217(传真)。